U0142874

凝煉知識品味閱讀

Procurement Project Management Body of Knowledge

採購專案管理知識體系

魏秋建 教授 著

五南圖書出版公司 印行

作者序

採購是落實組織策略的直接手段，但是被誤認為只是事務性而沒有策略性的考量，因而一直沒有被納入到大學管理學院的課程，也因此缺乏一套完整的知識架構，產業界的人士必須靠自己的錯誤累積經驗，再加上職務的分工，對採購的管理也不容易有全面性的掌握。儘管有一些學會推出相關的採購和供應鏈課程，不過內容過度偏重於採購的日常管理，缺乏從組織高階的管理層面來看待採購這個功能。另外，組織的採購通常都局限於營運的採購需求，專案的採購需求一般都和營運的採購需求分開處理，造成採購資源的浪費。因此這本採購專案管理知識體系希望能夠填補這樣的缺憾，從組織策略的角度切入，整合企業、事業和部門的營運管理和專案管理的採購，希望能夠策略化和系統化的呈現採購的知識架構，讓學習者學習之後，可以極大化所任職企業和組織的採購整體效益，提高企業和組織的競爭力。

本書主要針對採購的專案管理而編撰的，其他領域的專案管理，請參考研發專案管理知識體系、行銷專案管理知識體系、營建專案管理知識體系、活動專案管理知識體系、經營專案管理知識體系、複雜專案管理知識體系、大型專案管理知識體系。此外，本書是美國專案管理學會 (APMA, American Project Management Association) 的採購專案經理 (Certified General Project Manager) 證照認證用知識體系。

本書之撰寫，作者已力求嚴謹，專家學者如果發現有任何需要精進之處，敬請不吝指教。

魏秋建

2018/12/12

a0824809@gmail.com

Part 1

採購專案管理知識體系

Chapter 1 採購概念 3

1.1 採購管理組織 6
1.2 營運採購與專案採購 7
1.3 民間採購與政府採購 8
1.4 財物工程與勞務採購 9
1.5 資訊技術與系統採購 11
1.6 一階段與兩階段招標 13
1.7 採購人員行為規範 17
1.8 採購人員違法態樣 18
1.9 採購管理與專案管理 20

Chapter 2 採購管理架構 21

Chapter 3 採購管理流程 25

Chapter 4 採購管理步驟 27

Chapter 5 採購管理方法 29

Chapter 6 採購管理層級模式 31

Contents

採購專案管理知識領域

Chapter 7 規劃採購 37

7.1 採購規劃 38
7.2 招標規劃 49

Chapter 8 執行採購 55

8.1 採購招標 56
8.2 廠商選擇 61

Chapter 9 管理採購 73

9.1 合約管理 74
9.2 合約結束 79

採購管理專有名詞 83

Part 1

採購專案管理知識體系

Procurement Project Management Body of Knowledge

- Chapter 1 採購概念
- Chapter 2 採購管理架構
- Chapter 3 採購管理流程
- Chapter 4 採購管理步驟
- Chapter 5 採購管理方法
- Chapter 6 採購管理層級模式

採購概念

採購 (procurement) 包括「財物」之買受、承製、承租及「工程」之定作、「勞務」之委任或僱傭等。因此，不管是在政府部門或是民間企業，採購都是達成組織目標的必要管理活動。對政府而言，採購是爲了達成施政的目標；對企業而言，採購是爲了達成企業的目標。傳統上，採購被視爲只是一項買入 (purchase) 組織所需物品的營運作業，和組織目標沒有做緊密的連結。事實上，不論是原物料和機器設備之購買，或是工程及勞務之外包，採購都是落實策略達成目標的直接手段，因此，必須從組織策略的角度來規劃和管理採購，才能提升整體採購的績效，促進組織目標的達成。圖 1.1 是採購管理過程的一個簡單示意圖，圖中從左邊的採購目標開始，到右邊的達成目標爲止，整個過程的順暢進行就是採購管理的主要任務。採購目標和達成目標在橫座標上的差距，是採購管理過程的總時程；在縱座標上的差距，則是採購管理的困難程度，也就是達成目標的困難度。組織競爭優勢的來源，就是要達成目標的同時，又可以縮短採購管理的時程，並且達到提高組織採購效能、降低風險、提高品質、物有所值 (value for money)、符合用途 (fitness for purpose)、過程公開、透明、公平、競爭的採購原則。而達成這種採購管理高度成熟的先決條件，是企業必須要有完善的採購管理制度。

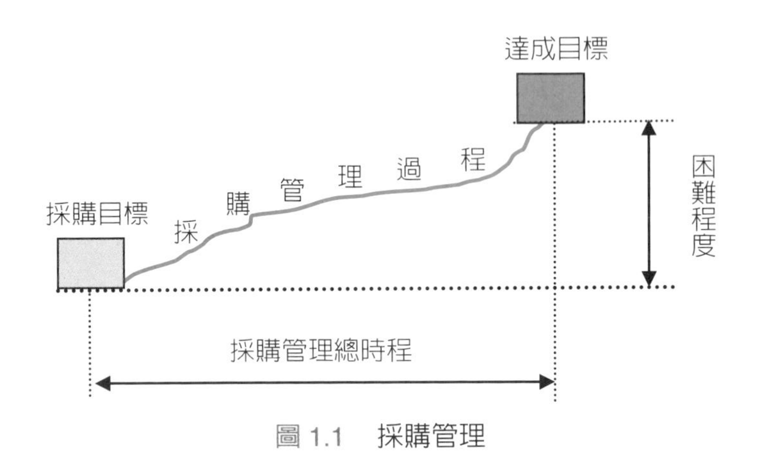

圖 1.1　採購管理

無論是政府部門或是民間企業，採購已經從以往的符合程序規章的要求，進化成符合永續發展的價值鏈取向，因此現在的採購管理必須做到以下幾項：(1) 連結到組織目標，(2) 極大化客戶和關係人的滿意度，(3) 促進產品和服務的創新，(4) 以負責任的態度，透明公平的達成組織的財務目標，(5) 支持永續的生態環境。從符合規章的採購模式進化到價值鏈取向的採購模式，組織必須逐步進行以下的提升：(1) 符合規章：強調內部控制、透明誠信。(2) 交易效率：強調標準採購流程，使用自動化採購系統、財務管理資訊系統、供應商管理系統等。(3) 商業方法：強調分析採購風險和報酬的取捨。(4) 採購協調：強調採購需求的匯集，成本的降低，效率和效能的取捨。(5) 採購流程管理：強調使用生命週期成本制，花費和風險分析，採購流程最佳化。(6) 供應鏈管理：強調分析供給、需求、消耗和關係人，分析供應鏈優勢、劣勢、機會和威脅，市場情報和競爭態勢、供應商績效管理等。(7) 價值鏈取向：強調採購策略支持組織目標的達成，極大化客戶和關係人的滿意度，關係人、客戶和供應商的管理，促進產品和服務的創新。

以下說明幾個和採購管理有關的名詞：

採購 (Procurement)	從組織外部購買或招標所需之財物、工程或勞務，但是不一定只限於以金錢交付爲主之場合，對價關係亦屬之。政府採購通常規定某金額亦上者要招標，某金額以上者必須公告，某金額以上者要接受查核，例如：10 萬以上要招標，100 萬以上者必須公告，1,000 萬以上要接受查核。
招標 (Solicitation)	爲了從組織外部取得高品質和低價格的財物、工程或勞務，公告採購的條件和要求，邀請眾多投標廠商參加投標，然後按照招標程序，從中挑選最合適廠商進行交易。
財物 (Goods)	任何實體的物品包括機器和設備，政府採購的財物通常不包括容易腐壞，而且有生命現象之生鮮農漁產品，但是冷凍加工之後則屬之。
工程 (Works)	需要規劃、設計和施工，整合人力、技術和材料才能完成的結構物件案。
勞務 (Services)	需要投入智慧、人力和材料才能完成的任務，例如：律師服務、廣告服務、證券承銷、薪資轉帳、代收款項、聯合發卡、徵求經銷商、可行性分析等。
供應商 (Supplier)	和政府或企業簽定合約，提供原物料、半成品和成品的廠商。
包商 (Contractor)	與業主（政府或企業）簽定合約，以一定的金額或其他條件爲業主執行某些工作的廠商，又稱爲承包商。
下包商 (Subontractor)	包商將所承包工作的部分內容，發包給具有合格條件的分包廠商協助執行，稱爲下包商，包商進行分包必須經業主的同意，下包商又稱爲分包商。

合約 (Contract)	雙方當事人針對某個特定的目的，所建立的權利和義務關係，在法律上會被認可，而且會被法庭強制執行的協議。
統包 (Turnkey)	將工程或財物採購之設計、施工、供應、安裝或維修等併入同一個採購合約進行招標，以減少介面問題，提高採購效率。一般採最有利標方式處理。統包之專案管理必須是另一個採購案，不能包含在統包合約。
共同投標 (Joint venture)	兩家以上廠商共同具名投標、共同簽約、共同履約。一般以不超過五家廠商爲原則，又稱爲聯合承攬。

1.1 採購管理組織

企業的採購管理組織大致可以分成四大類型，分別爲：(1) 集中型 (centralized)：集團採購長 (CPO, chief procurement officer) 統籌各事業部採購部門的採購事宜，(2) 矩陣型 (matrix)：事業部採購長統籌事業部採購部門的採購事宜，事業部採購長再跟集團採購長報告，(3) 協調型 (coordinated)：事業部採購長統籌事業部採購部門的採購事宜，集團採購長再協調事業部採購長，(4) 分散型 (decentralized)：事業部採購長統籌事業部採購部門的採購事宜，事業部採購長再彼此互相協調採購事項，分散型沒有設置集團採購長。從實務上看，有設置集團採購長比較可以統籌採購事宜，極大化企業整體採購效益。有些企業則是將通用性物資由集團採購長統籌，各事業部專用性物資則由各事業部採購長負責。圖 1.2 爲企業採購管理組織的類型。

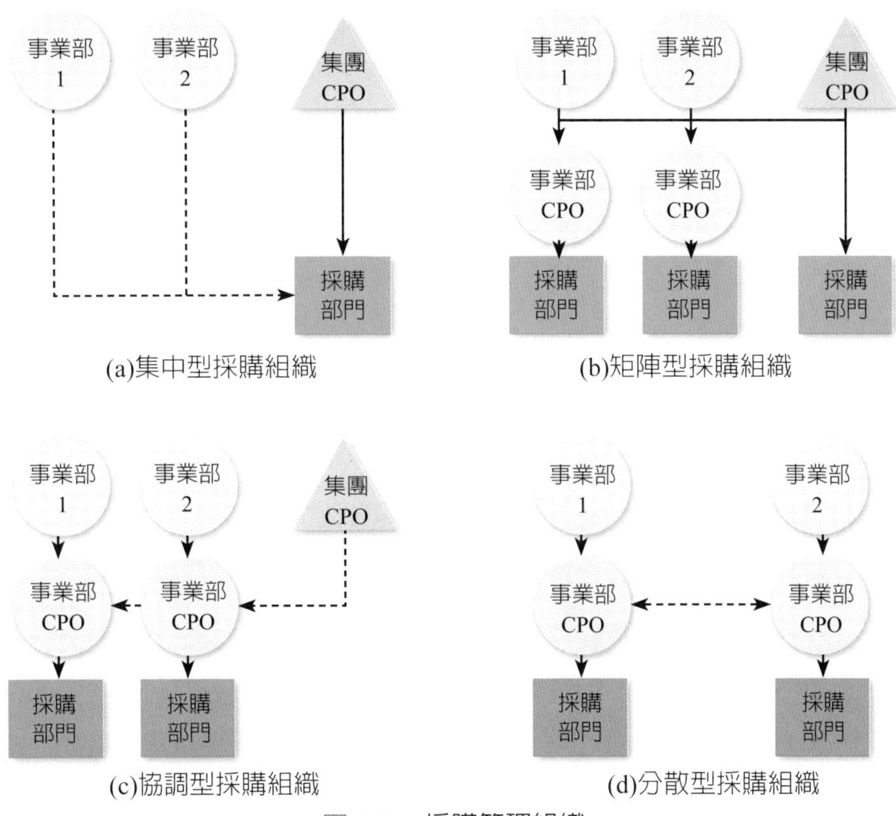

圖 1.2　採購管理組織

1.2 營運採購與專案採購

企業的經營包括現有營運 (operation) 的活動和專案 (project) 衍生的活動，其中，營運活動又可以分為目前的以及未來 (預測) 的兩大類，例如：目前的銷售量以及未來的預測銷售量，銷售量不同所需採購的原物料數量當然就不一樣。另一方面，企業為了提升競爭優勢所發起的專案活動，通常也都需要進行物料甚至機器的採購，例如：企業為了應付目前的產量，現有機器五台用於生產，所推動的某一個專案也需要一台同型機器，如果挪用目前的機器到專案，就會影響現有訂單產品的交期，如果另外購買一台機器，則須額外支出一筆費用。假設最後決定購買一台機器，也要考慮到日後專案結束，如何充分利用那台機器，而不是棄之不用。另一種狀況是營運和專案都需要採購同一種貨品，如果一起購買就可以提高談判力，因爲量大可以要求廠商折扣，甚至建立策略夥伴關係，提高廠商準時供貨以及市場缺貨時仍會交貨的機率。總而言之，上面說明的這種整合型的採購管理模式，比較可以有效達成企業的經營目標。圖 1.3 爲營運採購和專案採購的關係。

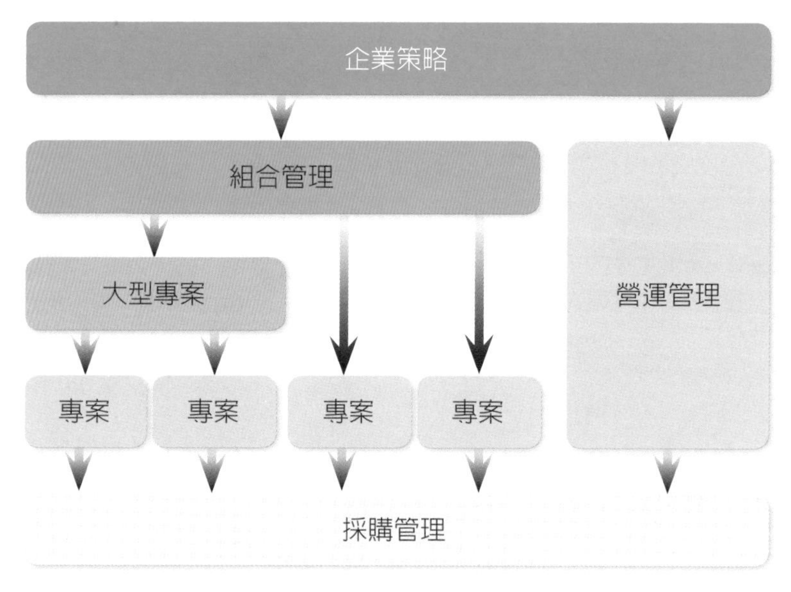

圖 1.3　營運採購和專案採購

1.3 民間採購與政府採購

民間採購 (private procurement) 和政府採購 (public procurement)

表面上看都是採購財物、工程或勞務，但是採購過程的複雜度卻完全不一樣。兩者的差異詳細條列說明如下：(1) 政府採購必須遵守政府採購法的規定，民間採購必須遵守企業規章的規定。(2) 政府採購對民選議會負責，民間採購對董事會負責。(3) 政府採購要事先編列預算，無法臨時改變採購科目，民間採購雖然也編列預算，但是必要時可以改變。(4) 政府採購以追求對納稅人的錢做最佳利用爲目的，民間採購則是以追求企業利潤極大化爲目的。(5) 政府採購比較注重廠商社會責任，民間採購比較不注重廠商社會責任。(6) 政府採購違法者依刑法處理，民間採購違法者依民法處理。(7) 政府採購的招標過程複雜冗長，民間採購的招標過程相對簡易。(8) 政府採購的廠商必須揭露更多資訊，例如：有無僱用身心障礙者，民間採購的廠商必須揭露資訊相對較少。(9) 政府採購以最低價方式招標時，通常第一次最低價廠商即爲得標廠商，民間採購以最低價方式招標時，可以第二次 最低價廠商才是得標廠商。(10) 政府採購規定採購人員要申報財產，民間採購則無此規定。(11) 政府採購人員離職後若干期限內，不得參與原單位之採購，民間採購則無此規定。(12) 政府採購人員遇配偶或三等親參與採購時必須迴避，民間採購需不需要迴避則由企業規定。

1.4 財物工程與勞務採購

財物 (goods)、工程 (works) 與勞務 (services) 的採購可以包括幾種不同的合約型態：(1) 供貨合約 (supply contracts)：包含提供和運送設備、物料到指定地點，也可以包含組裝、測試、移交和訓練等內容。(2) 工程合約 (works contracts)：建造一些工程結構，包含道路、橋梁、建築、運河和水壩等。(3) 建廠合約 (contracts for plant)：設計、供料、組裝整個設施，包含設備、機器、材料，也可能包含某些營建工程，通常由一個包商負責，例如：水廠、汙水處理廠、電廠等。(4) 諮詢服務合約 (consulting services contracts)：包含提供智慧財產或顧問諮詢的服務。(5) 非諮詢服務合約 (nonconsulting services contracts)：包含：(a) 服務活動以硬體設施爲主體，且績效標準可以清楚定義；(b) 需要智慧財產和顧問意見的例行性標準服務。

決定合約型式和合約大小的依據，是將採購需求分成幾個可以管理的合約數量，以極大化參與的廠商數目，因而可以用最符合使用目的 (fit-for-purpose) 的方式達成物有所值 (vaule for money) 的採購目標。考慮的因素包括：(a) 採購數量、性質和地點；(b) 合約大小儘可能大以吸引廠商注意，並減少招標次數；(c) 同時需要工程、物料及組裝時，通常使用不同的合約進行採購，視採購內容的比重，也可以使用工程合約包含少量設備，或是貨品合約包含一些組裝工程；(d) 類似的物品應該集中成一個合約或是一次招標多批次，即使物品是要運送到不同地點，甚至在不同時間運送；(e) 製造商的招標應該採用一次招標多批次，尤其每批次都是需要類似的製造商時；(f) 需要在不同地點實施的工程，即使性質相同，盡量以不同合約處理；(g) 工程合約應該評估國內廠商的能力，和國際廠商的興趣；(h) 生產工廠的採購可以使用一個大而複雜的建廠合約；(i) 買方內部採購和管理合約的能力。

類似但是不同工程或設備的多個採購合約，廠商一般可以參與任何一個或是全部的合約投標，廠商可以提供如果取得多個合約後的折扣方案，所有單一標單和組合標單同時進行評估，以決定最低成本的組合標單。一般建議一次招標最多包括五個合約，以避免評估的困難。

一般的工程採購通常由買方提供設計和規格，廠商根據設計和規格提出報價，最後由得標廠商建造和完成貨品，過程由買方進行合約績效的監督。但是對複雜的工程採購而言，買方如果爲了提高效率，可以將設計也包含在採購內容，選擇一家廠商獨立進行設計、供料和組裝的合約。建廠合約也可以將設計、設備、建造、訓練都包含在一個單一的合約之中、稱爲統包或整廠承包合約 (turnkey contract)，也稱爲設計一採購一建造合約 (EPC, engineer-procure-construct)。也就是只要交出一把鑰匙，就可以運作整個工廠。選擇一家廠商雖然可以減少買方的管理負擔，但是風險和合約成本通常都比較高。除此之外，國際通用的合約型式，包括設計一建造 (design-build)，設計一建造一營運 (design-build-operate)，運作一維護 (operation and maintenance) 等等也可以使用。

1.5 資訊技術與系統採購

資訊技術與系統的採購可以分爲兩大類別：(1) 套裝軟體、硬體和服務 (off-the-shelf)，包括筆記型電腦、桌上型電腦、印表機、伺服器、智慧型手機、文書處理軟體等等。這類的採購通常稱爲營運採購 (run procurement)，因爲它們和策略面無關，只是維持營運的正常運作。(2) 創新採購 (innovation procurement)：包括 ERP 系統、財務會計系統、雲端 App，系統整合、IT 外包、通訊軟硬體架構、網頁代管等等。這些採購項目甚至已經朝著軟體即服務 (SaaS, software as a service)，硬體即服務 (HaaS, hardware as a service)，基礎建設即服務 (IssA, Infrastructure as a service)、平台即服務 (PaaS, Platform as a service) 的方向發展，創新的成分愈來愈高，因此稱爲創新採購。以下詳細說明兩種採購方式：

(1) 營運採購：適合傳統的採購方式，而且因爲需求會重複，所以可以使用長期的供貨合約，也稱爲架構合約 (framework contracts)，一般一次簽三年合約。營運採購適合使用公開招標 (open competitive bidding) 或報價邀請 (requests for quotations) 的招標方式。如果希望將軟硬體整合到現有 IT 系統中，例如：伺服器、網路路由器、區域網域、電子視訊、或是升級現有軟體系統等時，有時只有少數合格授權商可以參與投標。規劃營運採購時要考慮兩個重點：(a) 從原軟硬體廠商轉換到另一家廠商的可能和障礙；(b) 考慮市場結構以決定使用競標方式 (competitive approach)，或是談判方式 (negotiated approach)，例如：直接承包 (direct contracting)。高價值的採購可以聘請專業顧問來協助訂價和談判。

(2) 創新採購：因爲必須開發這些要採購的系統或軟體，而且不確定性高，因此過程必須使用適應和遞迴的管理流程，又稱爲迅捷式專案管理 (agile project management)。創新採購不是一個獨立存在的活動，而是常常必須和既有的軟硬體架構整合，因爲必須維持原有資訊設備的功能，因此局限了創新採購的廠商來源。只要決定了採購的廠商，就會長期依賴這個廠商，因爲轉換成本通常很高。

創新採購的結果往往不如預期，主要原因如下：

(a) 規格訂定不精確。

(b) 低估技術不確定性。

(c) 客製化心態導致廠商強迫自己配合現有舊系統。

(d) 技術更新太快，執行合約時，技術已經改變。

(e) 錯誤假設是買方市場，其實最好的廠商非常搶手。

(f) 其他。

創新採購的最大挑戰是資訊的不對稱，因爲：(a) 廠商知道所有的產品功能特性，但是不了解買方的採購目標和流程，(b) 買方知道採購目標。但是不了解產品的功能特性。另外，很多標準的資訊系統功能已經非常完備，如果爲了使用習慣等因素，強迫廠商客製化修改標準產品，就會造成成本增加和穩定度降低，加上長期的客製化維修，成本會變得非常昂貴，特別是長期依賴特定廠商的風險。因此，買方應該要適應系統，而不是要系統適應他們。

規劃資訊系統與技術採購時，可以使用質性的方法，以訊息需求書（RFI, request for information）要求廠商提供系統資訊，然後依照評選標準縮減廠商數量，評選標準可以包括：

(a) 和既有系統的配適度。

(b) 和既有流程的配適度。

(c) 廠商的國際知名度。

(d) 廠商的市場占有率。

(e) 廠商的維修支援能力。

(f) 和廠商的現有關係。

RFI 階段會取得一份合格廠商入圍名單，有時甚至只有一家廠商，如果超過兩家以上時，可以：(a) 邀請廠商展示概念驗證 (proof of concept)，或是 (b) 直接進行投標程序，請廠商根據規格、功能或性能，提出技術建議書 (technical proposals)。買方審視所有技術建議書之後，可以要求廠商進行修改，直到所有廠商都達到所需的技術標準，再進行比較並邀請報價。如果價格是次要考量，可以採用 10% 到 40%(或 20% 到 50%) 的權重。組織採購委員會是一個很好的作法，成員可以包括部門主管、IT 主管、採購主管，財務主管等。

1.6 一階段與兩階段招標

採購招標的流程和合約的種類息息相關，一般可以分爲以下四種招標流程，分別如下：(1) 一階段一信封 (one-stage-one-envelope)，(2) 一階段二信封 (one-stage-two-envelope)，(3) 二階段 (two-stage)，(4) 二階段二信封 (two-stage-two-envelope)。詳細說明如下：

(1) 一階段一信封：因爲它的效率和透明度都高，所以常被採用，大多使用在採購財物、工程和非諮詢服務的場合。一階段一信封是廠商在一個信封內，同時放入技術建議和報價資料。程序如下：

(a) 買方在指定的時間和地點公開標單。

(b) 宣讀每個廠商的投標價格。

(c) 買方同時評估技術建議和報價資料，以便買方可以只評估那些合理報價廠商的技術建議，而且技術建議不能修改。

(d) 評估並排序所有標單，排序第一的廠商得標。

(2) 一階段二信封：通常使用在諮詢服務的場合，但是也可以用在財物、工程或是非諮詢服務的採購。一階段二信封是廠商同時遞送兩個密封的信封，一個信封放入技術建議，另一個信封放入報價資料，然後兩個信封再一起放入一個更大的信封。程序如下：

(a) 首先打開技術建議，密封的報價資料信封由買方保管。

(b) 在沒有看到報價資料的情況下，買方評估廠商的技術建議，如果技術建議沒有達到最低標準則拒絕廠商，技術建議不能修正，買方退回未開封的廠商報價資料。

(c) 技術建議通過的所有廠商，買方在通知的時間和地點，公開宣讀所有廠商的技術分數和投標價格。

(d) 買方在考慮技術分數的情況下，依照招標文件上的說明，評估和排序所有廠商的標單，排序第一的廠商得標。

一階段二信封的所有廠商資格通常在開標後審查，稱為後審資格 (postqualification)。

(3) 二階段：通常使用在大而複雜的工程，包括整廠承包，以及特殊性質的非諮詢服務的採購，例如：資訊系統。二階段是廠商第一階段遞送技術建議，第二階段再遞送報價資料和修正的技術建議。程序如下：

(a) 廠商依照第一階段的招標文件內容，遞送沒有報價的技術建議。
(b) 買方評估技術建議，並向技術建議合格廠商提出技術上的缺點和不足之處，以確保廠商技術建議符合技術規格的要求。
(c) 第二階段，買方寄出招標文件給第一階段合格廠商，邀請他們遞送報價資料和修正的技術建議，並說明爲了符合規格所做的修改或變更。
(d) 買方在通知廠商的日期和時間，進行修正技術建議和報價資料的開標。
(e) 買方依照第二階段招標文件的決標方式，評估和排序標單，排序第一的廠商得標。

(4) 二階段二信封：使用在複雜的財物、工程和非諮詢服務的採購。二階段二信封是第一階段，廠商同時遞送兩個密封的信封，一個信封放入技術建議，另一個信封放入報價資料，然後兩個信封再一起放入一個更大的信封。第二階段，廠商遞送一個信封，內部放入修正的技術建議和修正的報價資料。程序如下：
(a) 首先打開第一階段招標文件的技術建議，密封的報價資料信封由買方保管。
(b) 買方評估技術建議，並向技術建議合格廠商提出技術上的缺點和不足之處，以確保廠商技術建議符合技術規格的要求。
(c) 第二階段，買方寄出招標文件給第一階段合格廠商，邀請他們遞送修正的報價資料和修正的技術建議，並說明爲了符合規格所做的修改或變更。
(d) 買方在通知廠商的日期和時間，進行修正技術建議、原始報價資料和修正報價資料的開標。
(e) 買方依照第二階段招標文件的決標方式，評估和排序標單，排序第一的廠商得標。

一階段的招標方式對簡單的採購合約已經足夠，但是對複雜的採購合約，如果一開始就要求廠商準備完整的技術建議，不太可能也不切實際，例如：整廠承包、大且複雜的設施、複雜的基礎建設、複雜的資訊系統等，因此就需要使用二階段的招標程序。另一方面，即使技術規格可以完整表達，但是因爲買方預見到合約管理或是技術規格可能存在一些問題，或是廠商認爲雙方有可能對規格的認知會有誤解時，如果採用一階段的招標方式，這些問題無法在標單遞送後予以澄清，因此會有招標上的風險。上述的這些複雜合約，比較適合採用二階段的招標方式，因爲可以允許買方和廠商有第二次的機會，去了解可能會誤解或是事先沒有預知的問題。廠商也可以有機會去測試創新的技術建議，而不會在一階段就被拒絕。在邀請廠商參加二階段的技術建議和報價時，買方對第一階段的技術建議，必須嚴格遵守廠商的智慧財產權和保密原則。二階段招標的缺點是如果第一階段只有一家廠商合格進入第二階段，整個招標程序就會取消，因爲要避免廠商在沒有其他競爭者的情形下進行報價。這個情況可以採用二階段二信封來處理，也就是即使只有一家廠商進入第二階段，還是可以進行後續的招標程序，因爲第一階段的報價資料是在競爭的狀態下遞送的，而且第二階段的修正報價資料也是在控制下完成的。如圖 1.3 所示。

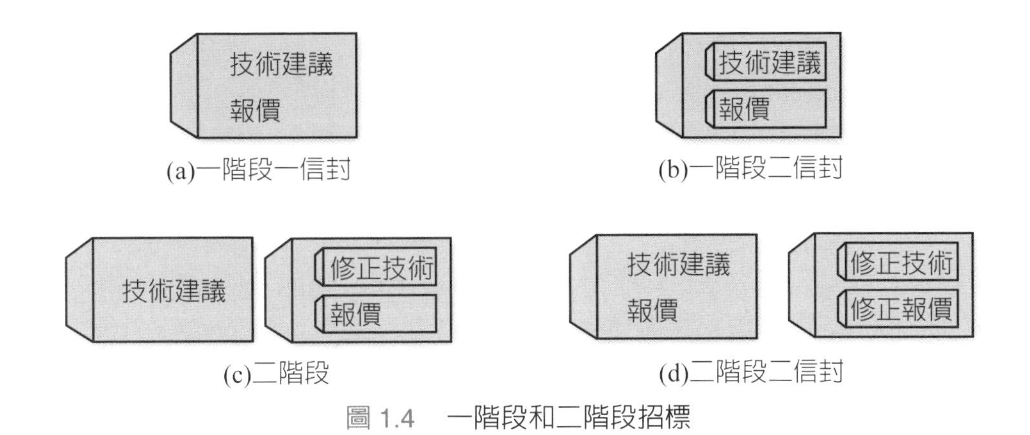

圖 1.4　一階段和二階段招標

1.7 採購人員行為規範

不管是企業採購或是公共採購，從採購規劃、招標、一直到合約管理的過程中，所有參與人員必須嚴格遵守法令規定和行爲規範 (codes of conduct)，以創造誠信、公平、透明的採購環境，爲組織創造最大的利益，任何人都不能藉由自己的權力，謀取個人的利益。採購人員應該遵守的專業行爲倫理規範包括：(1) 忠於組織利益並嚴守流程規定、(2) 正直誠信拒絕壓力、(3) 無私透明公平對待廠商、(4) 嚴格保護採購相關祕密、(5) 避免讓人誤解之不當行爲，例如：替廠商發送名片、(6) 盡忠職守查證廠商資料 (due diligence)。而組織必須管理的不當採購相關行爲包括：(1) 利益衝突：當採購人員的決定會影響自己、家人、朋友或其他人的利益時，稱爲利益衝突，可以分爲：(a) 已經利益衝突，(b) 好像利益衝突，(c) 可能利益衝突。採購人員面對上述利益衝突時應該要主動呈報，揭露相關利益，甚至請求迴避執行採購。事先簽署沒有利益衝突的保證書是實務上的通常作法。(2) 禮物和報酬：爲了避免採購人員的決定受到影響，任何形式的禮物和報酬應該完全拒收，例如：現金、餐點、票券、旅費或其他任何種類的招待。郵寄過來而無法退回的禮物，應該立即呈報。其他有可能產生弊案的採購行爲包括：(1) 胡亂編列採購預算、(2) 缺乏採購管控機制、(3) 假造採購需求、(4) 爲特定廠商開立規格、(5) 修改評估標準圖利特定廠商、(6) 預審資格時，圖利特定廠商、(7) 限制性招標邀請劣質廠商投標、(8) 沒有寄出完整規格給所有廠商、(9) 影響招標評審委員的決定、(10) 洩漏合約談判資訊給廠商、(11) 特定廠商多次得標、(12) 變更規格圖利廠商、(13) 接受不合規格的產品、(14) 過度訂貨、(15) 過度授權造成腐敗。採購弊案發生的徵兆有：(1) 偏離正常程序、(2) 缺乏紀錄、檔案遺失，(3) 採購人員生活奢侈、(4) 拒絕稽核和授權、(5) 個人獨力負責採購、(6) 獨裁的管理方式、(7) 和廠商不必要的會面、(8) 不接受廠商投標等。協助採購人員做出正確的專業行爲和倫理判斷的六大思考步驟如下：

(a) 評估遇到的狀況、比對你所了解的事實，然後檢驗你的想法。
(b) 確認這個狀況牽涉到什麼樣的倫理問題。
(c) 哪些人會受到什麼樣的影響。
(d) 找出內部規定，確保符合組織倫理行爲規範。
(e) 必要時尋求他人的意見。
(f) 最後做出最符合倫理規範的決定。

爲了避免發生違反倫理的採購行爲，實務上建議採購人員：(1) 不要單獨和廠商碰面，事實上，很多企業完全禁止，(2) 只在上班時間處理採購事務，(3) 邀請廠商到會議室而不是個人辦公室，(4) 和廠商開會時製作議程和會議紀錄。

1.8 採購人員違法態樣

不管是民間採購或是政府採購，金額通常極爲龐大，尤其是公共工程的採購動輒千億，採購承辦人員常會在利慾薰心，或是禁不起廠商的引誘下，進行破壞採購公平性的違法行爲。廠商爲了得標而作的違法態樣包括：暴力圍標、協議圍標、陪標、借牌投標、僞造投標等。採購人員常見的違法樣態包括：圖利廠商、收受賄絡、浮報價額、收取回扣、洩密、綁標等行爲。「圍標」是指破壞採購之市場競爭機制，造成假性競爭，破壞公平競爭之採購機制。圍標又分爲暴力圍標、協議圍標等。「暴力圍標」是指：(1) 強迫廠商不得投標、或是投標後強迫廠商退標或是修改標單，(2) 強迫得標廠商得標後轉包。「協議圍標」是指於工程招標或財物招標時，廠商爲了防止因投標競爭而造成低價無利潤，因此廠商間事先談好投標金額，並約定由得標廠商給付相當金額給約定的廠商，俗稱「搓圓仔湯」。「陪標」是指爲避免參與投標之廠商不足三家而流標，想要得標的廠商邀請其他廠商一同投標，營造有三家以上廠商相互競爭的假象，但是事實上，受邀之廠商並無得標之意願。「借牌投標」是指想要得標的廠商沒有投標資格，借用其他有投標資格的廠商牌照參與投標。「僞造投標」是指假造他人名義參與投標，或是廠商沒有投標資格卻不揭露或僞造。

採購人員「圖利廠商」是指配合廠商得標，例如：不該用限制性招標卻採用限制性招標，其他如配合廠商追加預算、不合格卻驗收通過等。「收受賄絡」是指收受廠商所給之對價報酬，協助廠商取得標單。「浮報價額」是指將原價格提高，以低價報高價，或是數量以少報多，從中圖利。「收取回扣」是指採購人員根據應付給廠商之材料費或工程款，向廠商要求一定比率或扣取某部分款項圖利自己。「洩密」是指對特定廠商洩漏底價、洩漏評選委員、洩漏投標廠商之數量及名單等。「綁標」是指採購人員在招標文件中，對採購之財物、工程或勞務的技術、工法、材料或設備等的規格，或是廠商的資格，作出不合法或不合理的限制，使得只有一家或少數廠商合於標準，違反公平競爭的原則。

1.9 採購管理與專案管理

採購管理的整個過程是一個標準的專案，因爲它具有專案的獨特和短暫雙重特性，獨特是指每次採購的狀況都不一樣，短暫是指每次的採購都有開始和完成時間。而且採購管理過程需要控制預算、管制時程、掌握品質、規避風險等等、因此應用專案管理的知識和方法來管理財物、工程或勞務的採購，可以獲得事半功倍的效果。特別是採購市場態勢常常瞬息萬變，一個好的採購專案管理過程，絕對是企業和組織取得競爭優勢的關鍵。採購管理和專案管理的結合稱爲採購專案管理，兩者之間的關係可以用表 1.1 來說明。

表 1.1　採購管理與專案管理的關係

		專案管理				
		發起	規劃	執行	控制	結束
採購管理	規劃採購		採購規劃 招標規劃			
	執行採購			採購招標 廠商選擇		
	管理採購				合約管理	合約結束

由表中可以發現，規劃採購階段的二大步驟全部落在專案規劃階段，執行採購階段的二大步驟，全部落在專案執行階段。管理採購階段的二大步驟，分別各有一個落在專案控制和專案結束階段，整個採購專案的活動由左上往右下發展移動。

Chapter 2

採購管理架構

組織的採購多半是根據採購人員自己所累積的經驗，而且多數組織的採購活動，並沒有連結到組織的經營目標和經營策略，這樣的採購只能片面滿足組織內部個別單位的個別需求而已，無法促進組織經營目標的達成，這種方式在過去區域競爭的時代，或許還可以勉強應付競爭。但是在全球競爭的今天，如果組織希望提升整體的經營績效，那麼就一定要有完備的採購管理模式。特別是市場需求具有高度的不確定性，沒有最佳化甚至沒有方法的盲目採購，會讓組織滿足客戶需求、預測市場變化、提高市場占有率的夢想遙不可及。另外，因爲採購管理過程的專業性和動態性，如果沒有一套完整的採購管理架構，來整合所有參與人員的思維和行爲模式，採購管理過程就很容易淪爲解決溝通協調問題，而不能發揮採購團隊的整體力量。圖 2.1 爲採購專案管理 (procurement management) 的管理架構。圖中左邊是採購專案的目標，例如：在未來一年，降低採購成本 3%。圖的中間上半部是採購管理的流程，包括規劃採購 (plan procurement)、執行採購 (execute procurement) 和管理採購 (manage procurement) 等三大階段，這個流程可以引導採購管理步驟的展開和進行。圖的中間下半部是組織要做好採購管理必須要有的基礎架構 (infrastructure)。首先企業要有堅強的採購團隊 (team)，而且所有團隊成員必須具備採購管理的知識、能力和經驗。其次是組織必須要有一套完整的採購管理制度 (procurement management system)，以作爲採購團隊的行爲依據，並確保採購過程的井然有序。再來是組織必須要設計和選用適當的採購管理手法和工具，以便成員能夠順利完成責任和達成使命。最後一項是組織要投入適當的採購資源，才能期望採購團隊創造出領先對手的採購績效。這四項的下方是採購管理的知識庫和管理資訊系統。採購管理知識庫可以保留和累積採購管理過程的經驗、教訓和最佳實務 (best practice)，是組織最寶貴和不可或缺的資產。採購管理資訊系統則是可以提高採購管理的效率。如果企業具備了嚴密的採購管理流程和實用的資訊系統，就可以形成優於對手的採購管理文化 (corporate procurement culture)，那麼必定可以圓滿達成圖 2.1 右邊的採購專案管理目標。

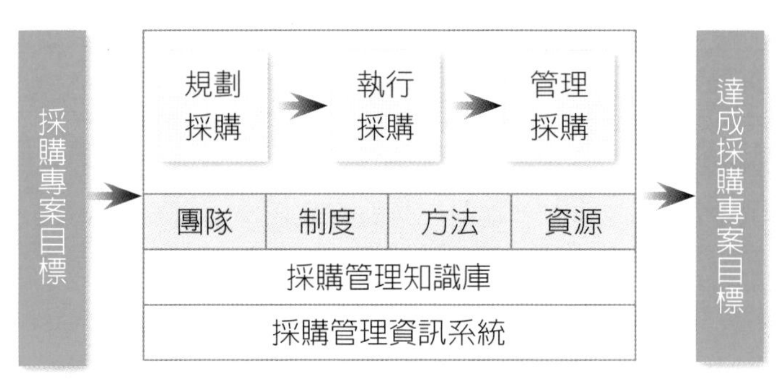

圖 2.1　採購管理架構

採購專案目標	根據企業整體經營目標，由企業採購長指定給採購團隊的採購專案目標。採購專案目標必須符合以下五點，簡稱爲 SMART： 1. 明確 (specific)。 2. 可衡量 (measurable)。 3. 可達成 (achievable)。 4. 實際可行 (realistic)。 5. 有期限 (time-bound)。
規劃採購	進行採購需求分析、市場分析、風險分析、策略規劃、計畫制定和招標規劃等的過程，它是採購管理的第一個階段。
執行採購	按照採購計畫依序執行採購策略，制定採購文件，進行採購或招標財物工程或勞務，以及選擇廠商等的過程，它是採購管理的第二個階段。
管理採購	與廠商簽訂採購合約之後，監督和控制廠商績效、處理合約變更、爭議訴求等的過程，它是採購管理的第三個階段。
團隊	所有參與採購專案管理過程的所有人員，包括組織高層、集團採購長、事業部採購長、研發單位、規格制定者、請購人員、需求單位、測試人員、驗收人員、庫存管理人員等等。
制度	執行採購活動所需要的採購管理組織和採購管理流程。
方法	執行採購管理活動可以使用的方法和工具。
資源	完成採購管理活動所需要的人力與資金等。
採購管理知識庫	可以儲存採購管理最佳實務的電腦化管理系統。
採購管理資訊系統	可以進行跨事業部、跨部門甚至跨國採購管理和溝通的電腦化資訊系統，它可以提升採購管理的效率和及時性。
達成採購專案目標	所採購的財物、工程或勞務達成採購專案目標，而且所有關係人都滿意採購團隊的績效表現。

Date ______/______/______

Chapter 3

採購管理流程

採購專案管理從制定採購目標到達成採購目標的過程，在不同企業的作法雖然不盡相同，但是主要的內涵卻是大同小異，本知識體系將其歸納爲幾個主要階段，包括：(1) 規劃採購 (plan procurement)、(2) 執行採購 (execute procurement)、(3) 管理採購 (manage procurement)。多數企業都有將採購管理劃分成幾個不同的階段，並且各自使用不同的名稱，例如：(1) 計畫 (plan)、(2) 對焦 (align)、(3) 採購 (procure)、(4) 管理 (manage)。或是：(1) 規格 (specification)、(2) 選擇 (selection)、(3) 訂約 (contracting)、(4) 控制 (control)、(5) 衡量 (measurement)。有的則是採用：(1) 需求分析 (needs analysis)、(2) 市場評估 (market assessment)、(3) 蒐集資料 (collect supplier information)、(4) 貨源策略 (sourcing strategy)、(5) 執行策略 (implement strategy)、(6) 選擇供應商 (select supplier)、(7) 改善供應鏈 (improve supply chain)。由上述例子可以看出，採購管理牽涉到採購目標的制定、採購需求的蒐集、採購貨源的取得和採購策略的規劃及採購策略的執行等。也就是說採購管理應該始於採購目標，終於達成採購目標。從規劃採購、執行採購到管理採購的前後串聯關係，稱爲採購管理流程 (procurement management process)，前一階段的輸出會變成下一階段的輸入。圖

3.1 爲採購專案管理知識體系的採購管理流程，由圖中可以清楚知道，採購肇始於了解組織內部的採購需求和採購目標，而採購需求和採購目標實際上來自於組織的經營目標。了解內部的採購需求和採購目標之後，就可以規劃達成採購需求和採購目標的採購策略。接著按照採購需求時點依序執行採購策略，過程監督和控制廠商的執行績效，最後希望如計畫達成採購目標。爲了結構化的呈現採購管理的完整內涵，本知識體系不只納入規劃採購、執行採購及管理採購等三大階段，更深入探討這幾個階段的重要執行步驟和方法，讓所有採購專業人員可以輕鬆掌握採購的成功關鍵。

圖 3.1　採購管理流程

Chapter 4

採購管理步驟

採購管理流程中的每一個階段，可以再展開成好幾個必須執行的步驟，分別如圖 4.1 規劃採購 (plan procurement) 階段的二個執行步驟，包括採購規劃 (procurement planning)、招標規劃 (solicitation planning)。圖 4.2 執行採購 (execute procurement) 階段的二個執行步驟，包括採購招標 (purchase/solicitation) 和廠商選擇 (vendor selection)。圖 4.3 管理採購 (manage procurement) 階段的二個執行步驟，包括合約管理 (contract management)、合約結束 (contract closure)。所有這些步驟的連結關係是前一個步驟的輸出，會變成下一個步驟的輸入，而這 6 個步驟的圓滿完成就是採購專案目標的達成。其中前 2 個步驟是要決定採購需求和達成策略，再來 2 個步驟是要執行達成策略，最後 2 個步驟則是管理廠商的績效。

圖 4.1　規劃階段管理步驟

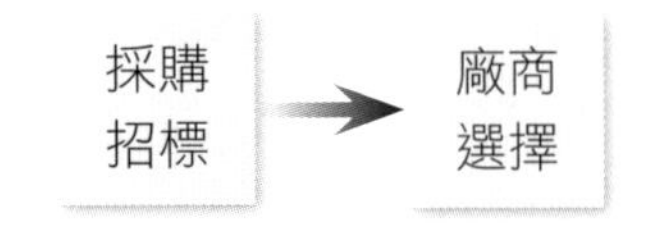

圖 4.2　執行階段管理步驟

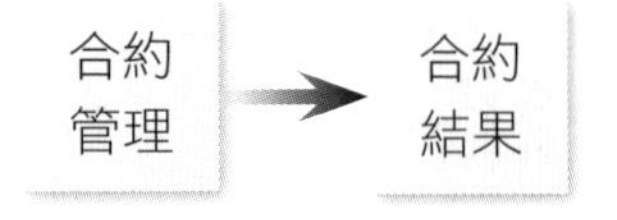

圖 4.3　管理階段管理步驟

採購管理方法

採購管理的每一個步驟，必須要有實際可行的方法才能有效落實。例如：規劃採購的招標規劃 (solicitation planning)，應該如何進行，有哪些手法和工具可以使用等等。本知識體系針對每個採購管理步驟的執行，歸納成各種不同的採購管理方法。這些方法可以引導採購管理人員的思維邏輯，對每個步驟的有效落實和執行，可以產生積極正面的效果。圖 5.1 爲採購管理方法的示意圖，中間方塊代表採購管理的某一個步驟，方塊左邊是執行該採購步驟所需要的輸入資料或訊息。方塊上方是執行該採購步驟所受到的限制 (constraints)，例如：組織的採購政策，或是步驟的假設 (assumptions)，例如：不一定是眞的事情認爲是眞，或是不一定是假的事情認爲是假，例如：市場價格會下降。限制和假設是採購管理的風險所在。方塊下方是執行該採購步驟可以選用的技術 (techniques) 和工具 (tools)。方塊右邊則是執行該採購步驟的產出。

執行採購步驟的約束以及假設狀況
限制及假設
執行採購步驟需要的相關資料文件
輸入
採購步驟
產出
執行採購步驟後的產出文件及產品
方法
執行採購步驟可使用的技術及工具

圖 5.1　採購管理方法

採購管理層級模式

本章綜合前幾章所提的採購管理架構 (procurement management framework)、採購管理流程 (procurement management process)、採購管理步驟 (procurement management step) 和採購管理方法 (procurement management method)，建構出一個四階的採購管理層級模式 (procurement management hierarchical model)，採用由上往下，先架構後細節的方式，逐漸展開成一個完整的採購管理模式。這樣的採購管理模式不但可以促進採購人員的溝通，也有助於採購過程的順序展開。執行得當，更可以避免不必要的摸索，因而可以提高採購工作的品質。圖 6.1 爲本知識體系的採購管理層級模式，圖的最上方是採購管理的架構，整個架構強調採購基礎建設 (infrastructure) 的規劃和採購管理流程的設計，包括團隊能力，制度建立及資訊工具的使用。第二個層級是採購管理流程，本知識體系以三個階段來呈現採購管理的過程，也就是規劃採購、執行採購和管理採購。採購管理流程的階段性劃分有很多不同的設計，但是多數都有不夠清晰的缺點。因此本知識體系將採購管理過程歸類爲上述三個階段，以完整表達採購管理的生命週期。第三個層級是採購管理的步驟，它是採購管理流程的詳細展開，由採購管理的步驟，可以清楚知道每個採購階段應該執行的步驟及內容，本知識體系將採購管理的每個步驟，定義成直線特性的串聯關係。第四個層級是採購管理的方法，它是每個採購管理步驟的執行方式，包括執行時所需要的輸入資訊、所受到的限制、可以使用的方法，以及所要產出的結果。這樣的層級架構不但可以提升採購專案經理的管理效率 (efficiency) 和管理效能 (effectiveness)，同時也可以作爲企業採購管理制度建立的基礎，對縮短組織的採購時程和提高採購的效益有正面積極的效果。

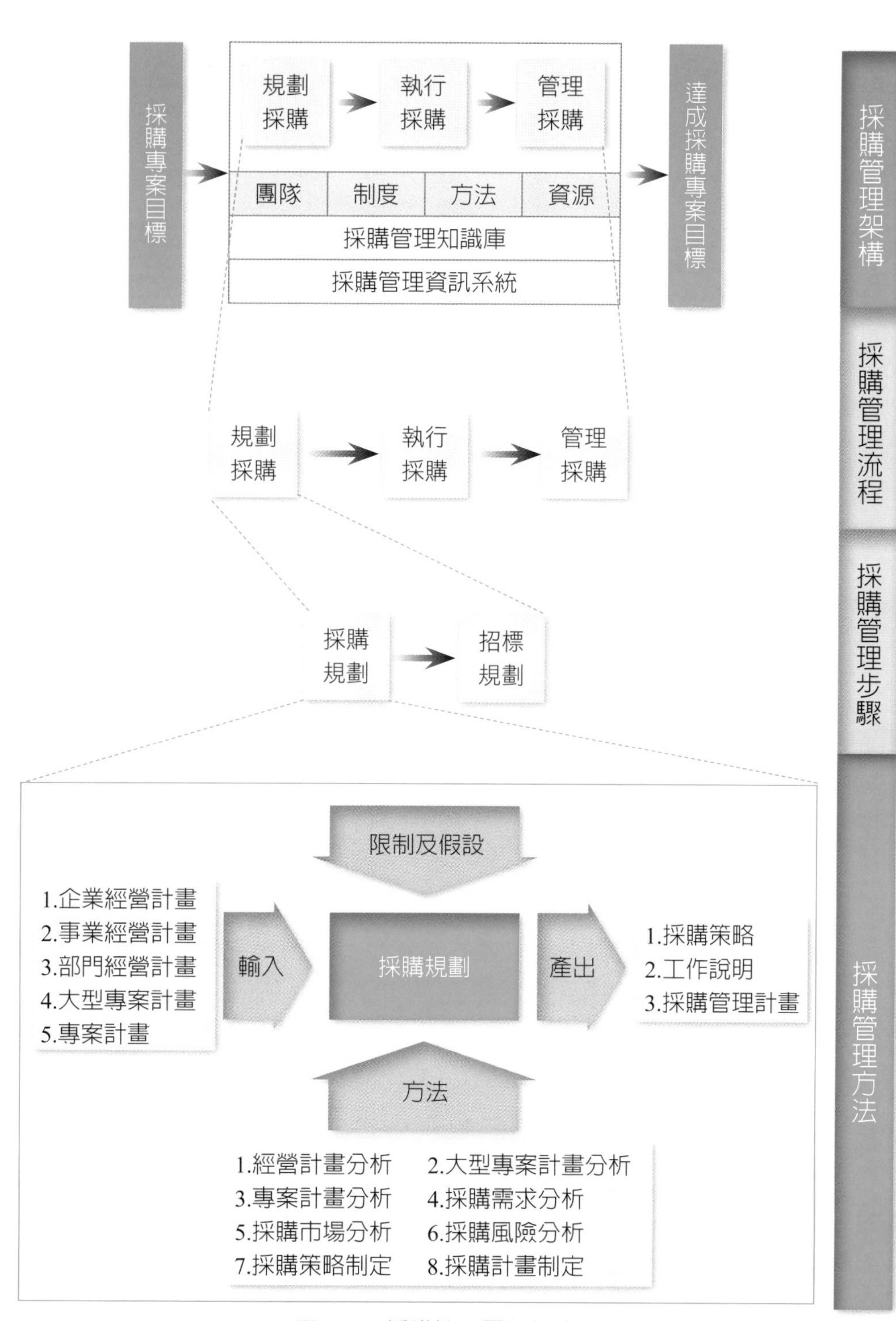

圖 6.1　採購管理層級模式

Date _____/_____/_____

Part 2

採購專案管理知識領域
Procurement Project Management Knowledge Area

- Chapter 7 規劃採購
- Chapter 8 執行採購
- Chapter 9 管理採購

規劃採購

簡介

規劃採購

規劃採購 (plan procurement)(如圖 7.1) 是採購管理的第一個階段，目的是規劃企業或組織在未來一段時間的採購需求，以及滿足這個需求的策略和方法。企業或組織的採購需求主要來自於兩大方面：(1) 常態性的營運採購需求 (operation)，和 (1) 非常態性的專案採購需求 (project)。常態性的營運採購需求是爲了維持企業或組織的正常運作，非常態性的專案採購需求則是企業或組織爲了解決問題或是創造機會所衍生的採購需求。只有常態性的採購需求，並無法爲企業創造競爭優勢，因此兩種採購需求應該要同時存在，並且統一整合在一個相同的管理架構下進行採購，才能避免資源錯置，並極大化企業或組織的整體採購效益。企業或組織的採購應該要做到以下幾項：(1) 採購時間短、採購效率高，(2) 品質高、風險低，(3) 性價比高、物有所值，(4) 合用性高，和 (5) 公平性高、透明度高等。基本上，規劃採購的過程如下：(1) 蒐集資料：內部需求資料和外部市場資料，(2) 產生採購策略：根據資料設想並篩選出可行的採購方案，包括採購方法、招標程序及合約策略等，(3) 制定採購計畫：根據選定的可行策略制定採購計畫。一般來說，技術高、市場風險大和價值高的採購，需要制定詳細的採購計畫。相反的，例行性、低風險和低價值的採購，只需制定簡單的採購計畫。規劃採購階段的主要工作有以下兩項 (如圖 7.2)：

1. 採購規劃。
2. 招標規劃。

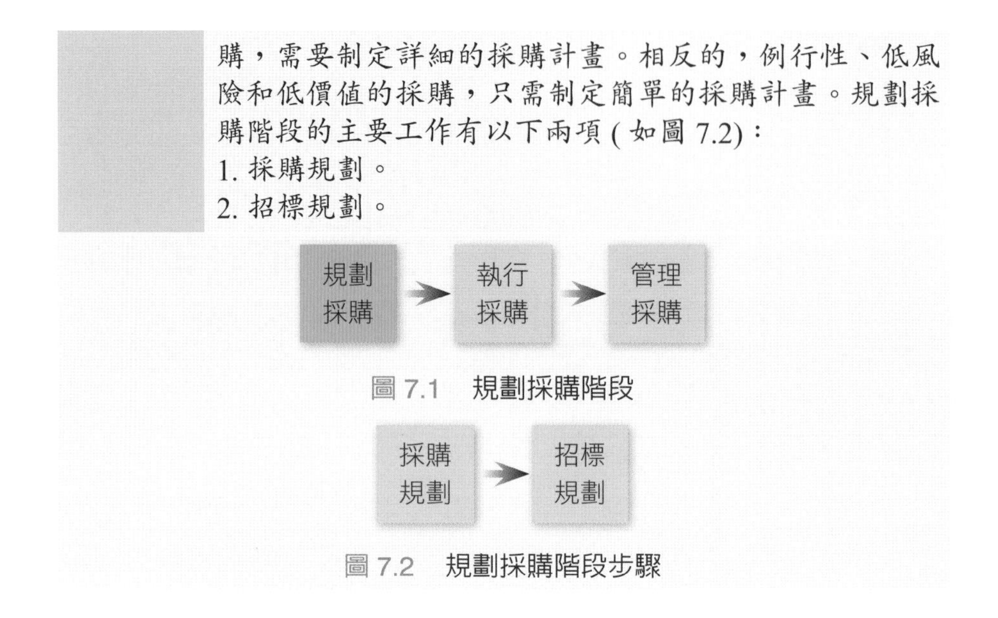

圖 7.1　規劃採購階段

圖 7.2　規劃採購階段步驟

7.1 採購規劃

採購規劃 (procurement planning) 是指規劃企業某段時間 (通常一年或一季) 內的營運和專案所需要的採購需求和達成方法。營運的採購需求來自於企業訂單生產或是計畫生產所需的各種原物料及相關物資的採購；專案的採購需求來自於企業所有大型專案和專案所需的設備和物料的採購。營運的採購內容和專案的採購內容，很有可能品項會類似甚至相同，因此對企業來說，應該要一併處理才能降低採購成本。另一方面，專案採購的設備在專案結束之後，可以移給營運部門使用，因此，採購時如果可以整合性的思維，同時考量營運需求和專案需求，那麼企業的整體資產利用和採購效益就可以大大的提升。採購規劃重點之一是決定哪些品項要直接從市場採購進來，哪些品項要進行招標。圖 7.3 爲採購規劃的方法。

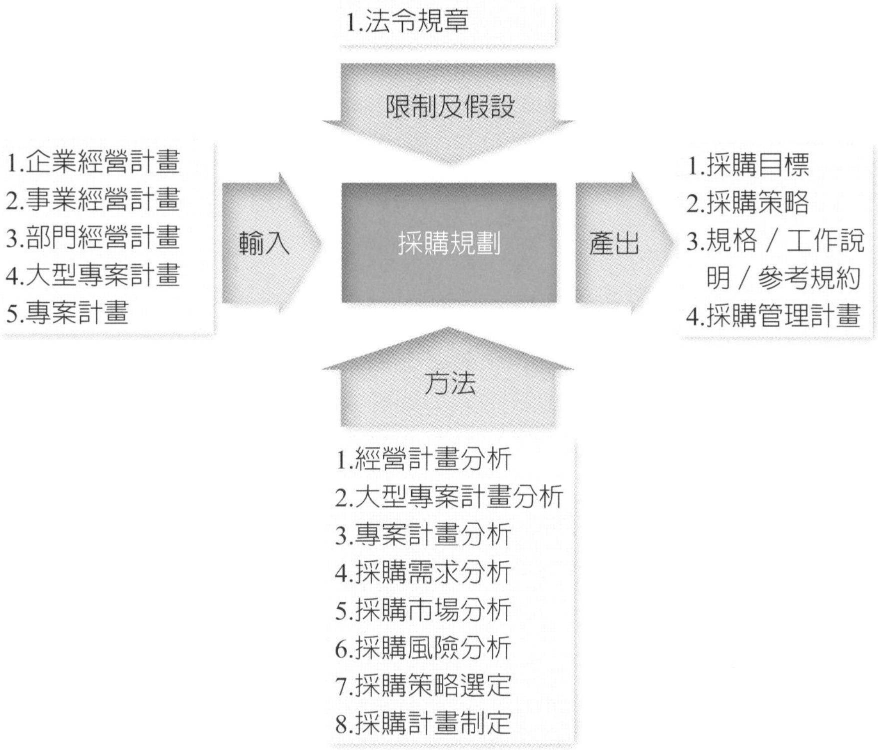

1.法令規章

限制及假設

1.企業經營計畫
2.事業經營計畫
3.部門經營計畫
4.大型專案計畫
5.專案計畫

輸入

採購規劃

產出

1.採購目標
2.採購策略
3.規格／工作說明／參考規約
4.採購管理計畫

方法

1.經營計畫分析
2.大型專案計畫分析
3.專案計畫分析
4.採購需求分析
5.採購市場分析
6.採購風險分析
7.採購策略選定
8.採購計畫制定

圖 7.3　採購規劃方法

輸入	1. 企業經營計畫：企業在未來一段時間的經營計畫。 2. 事業經營計畫：各事業單位在未來一段時間的經營計畫。 3. 部門經營計畫：各功能部門在未來一段時間的經營計畫。 4. 大型專案計畫：爲了達成企業目標所推動的所有大型專案的計畫。 5. 專案計畫：由大型專案目標往下展開出來的所有專案的計畫，或是爲了達成事業目標，所推動的所有專案的計畫。
方法	1. 經營計畫分析：分析企業經營計畫、事業經營計畫和部門經營計畫中，和採購有關的所有例行性活動。 2. 大型專案計劃分析：分析企業所有大型專案計畫當中，與採購有關的所有非例行性活動。 3. 專案計畫分析：分析事業單位與功能部門所有專案計畫當中，與採購有關的所有非例行性活動。

方法	4. 採購需求分析：透過分析所有採購關係人的請購需求來了解企業、事業和部門等的營運活動(現況及預測)，以及大型專案和專案活動的所有採購需求和時程。包括分析財物採購的規格(specification)，工程採購的工作說明(SOW, statement of work)，勞務採購的參考規約(TOR, terms of reference)等。採購人員要特別注意主要關係人的採購需求(例如：交貨時間、品質要求等)、尋求他們同意採購計畫的內容、並隨時知會他們採購的進度。組織如果使用採購管理資訊系統，可以大幅簡化分析彙整需求的時間和心力。採購人員可以透過訊息需求書(RFI, request for information)，向廠商要求提供產品規格和價格等訊息。財物採購的規格可以是：(1) 功能性(functional)：指定產品的功能或目的，但是不注重材料和尺寸，例如：可以在瓷器上寫字的馬克筆。(2) 性能性(performance)：指定產品要達到什麼，最好指定性能的上限或下限，並附註工業標準，例如：快乾墨水，無毒馬克筆。(3) 技術性(technical)：指定產品的詳細設計，包括材料、型式、輸入及輸出動力、製程等。如果是勞務，則指定工作方式。技術性規格例如：乾擦馬克筆，重量：5~6 克、長：13 公分、直徑：14 公分、顏色：黑色、材料：塑膠、盒裝：12 支、墨水顏色：黑色、筆尖：細。財物採購可以配合使用樣品，但是規格訂定不能限制競爭。工程採購的工作說明包括設計圖說、數量清單(BOQ, bill of quantities)和技術規格等。勞務採購的預算要考慮到廠商勞務費用、國際和國內交通費、通訊、影印、翻譯、研討會等費用。表 7.1 為財物採購規格說明。表 7.2 為工程採購工作說明，表 7.3 為勞務採購參考規約。 採購需求分析的過程會進行自製、外購或是租借的分析，繼續使用現有長期合約(LTA, long term agreement)或稱架構式合約，或是建立新的長期合約或架構式合約等決策。有些企業與好幾個廠商同時簽訂統購合約，進行特定品項的採購。 5. 採購市場分析：分析了解採購品項的目標市場，包括市場滿足採購需求的能力，競爭狀況、廠商(供應商、包商、服務提供者)的市場占有率、價格等等。市場資料可以透過下列來源蒐集：(1) 廠商年度報告、(2) 學會及商業雜

表 7.1　財物規格說明

標題	使用簡單通用的用詞作爲財物標題。例如：鋼條。
背景	清楚說明採購背景以提高廠商的興趣。
標準	使用國際標準 ISO 或其他標準，或是註明類似標準。
限制和假設	例如：操作條件：溫度、濕度、壓力、速度上下限等；空間需求大小；和現有系統的搭配等。
需求	功能特性、性能特性、技術特性，或三者的組合。
交貨時間	清楚說明交貨時間，如果時間很重要，註明如果無法不能準時交貨，無法得標。
市場	說明可能的市場需求。
包裝	說明包裝方式、包裝材料、容器大小等。
品質	說明品質要求，例如：廠商必須通過 ISO。
測試	說明由廠商或第三方發出產品測試報告。

表 7.2　工程採購工作說明

背景	說明有關工程目的或功能的相關資訊	
一般資訊	說明和工程有關的資訊	
	位置	清楚說明工地的位置、出入和水電狀況。
	工地所有權	說明工地的法律狀態和所有權人。
	設計圖面	說明提供設計圖面，或是由廠商自行處理。說明設計圖面是否已經通過建管單位審核。
	使用通路	說明通道是否經過他人土地。
	預算	說明預算金額。
	期限	說明工程執行的期限。
	監工	定義廠商必須負擔的監工費用。

背景	說明有關工程目的或功能的相關資訊	
必要資訊	說明廠商必須提供的資訊。	
	經驗	過去十年的類似施工經驗和案件金額。
	人力需求	說明主要人力的功能和資格。
	財務	提供損益表說明財物狀況，資金需求曲線。
	機器設備	說明需要的設備數量和特性。
	施工方式	說明營建施工方式和工作順序。

表 7.3　勞務採購參考規約

背景	說明勞務的背景和環境
需求原因	說明目前狀況和勞務結束後的期望狀況和效益。
發展目標	包括時間、地點和數量，例如：未來五年在美國減少溫室氣體排放。
立即目標	說明目標、目的或期望產出，目標必須符合 SMART 原則，明確、可衡量、可達成、實際、有時間限制。
勞務說明	清楚說明需要的勞務，包括期程和資源需求。
產出	說明所有立即目標的產出，例如：一個報告、文件、訓練、課程或需求評估。
投入	說明來自買方的協助：例如：辦公設施、設備、場地、交通等。以及廠商的投入，例如：廠商的所有專家、專長資格、經歷、工作時數等。
位置和期程	說明勞務地點、數量、期程、作業排程、里程碑等。
報告	說明報告的種類和呈遞時間，例如：技術報告、期中報告、期末報告等。

方法	誌、(3) 政府出版品、(4) 網路搜尋、(5) 廠商網頁、(6) 關係人知識和經驗等。買方也可以使用訊息需求書 (RFI, request for information) 向廠商要求提供產品訊息。或是使用廠商意向書 (REOI, request for expression of interest) 尋求有意願的廠商參與預審資格 (pre-qualification)，進入合格廠商名錄 (shortlist) 當中。還可以應用以下方法進行市場分析：(1) 波特五力分析 (Porter's five forces analysis)、(2) 供貨品項定位 (supply positioning) 分析和 (3) 廠商偏好 (supplier preferencing) 分析等。分別詳細說明如下： (1) 波特五力分析：分析採購項目的產業經爭態勢和廠商獲利的吸引性，五個牽引的力量代表影響廠商滿足買方採購的能力和自己獲利的因素。圖 7.4 說明波特的五力分析，其中水平方向的三個牽引力是：(a) 取代者的風險 (例如：買方轉換廠商成本低、可使用替代材料)、(b) 新進者的風險 (例如：經濟規模大有吸引力、進入的成本低) 和 (c) 競爭對手的風險 (例如：只有少數廠商擁有技術；固定成本高引發削價競爭等)。垂直方向兩個牽引力是：(d) 供應商的議價能力 (例如：少數廠商寡占、買方轉換廠商成本高) 和 (e) 買方的議價能力 (例如：大量採購、貨源很多、買方轉換廠商成本低)。 (2) 供貨品項定位：不同的採購品項應該使用不同的採購方法，所以供貨品項定位的目的是以花費和風險來區分，什麼樣的採購品項要採取哪一種的採購方法。如圖 7.5

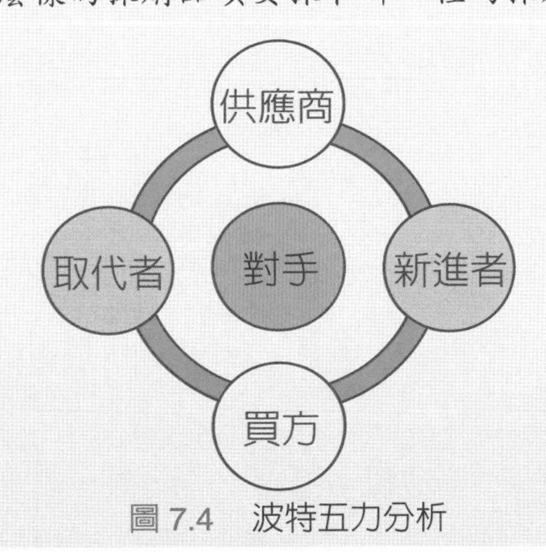

圖 7.4　波特五力分析

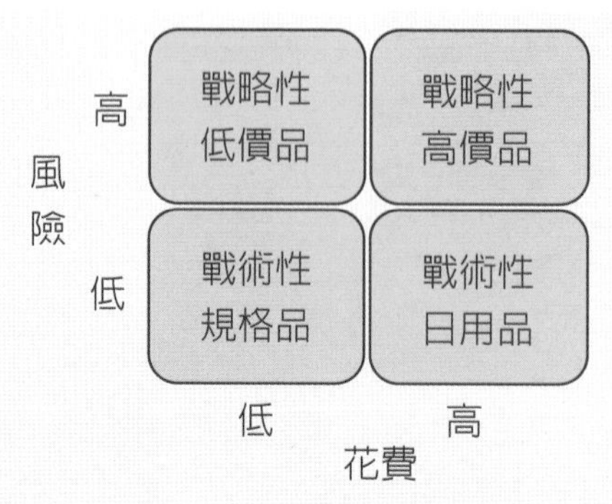

圖 7.5　供貨品項定位

方法

所示。理想上，80% 的花費應該放在右邊兩個區塊，其他 20% 的花費放在左邊兩個區塊。考慮的風險包括經濟的波動、環保的考量、採購期程、過程複雜性、安全需求、賣方多寡、規格複雜度、供應鏈的風險、供應鏈的長度、社會責任、生態永續性、技術更新速度、轉換成本、標準品或訂製品、持續取得之困難度等等。供貨品項定位可以協助決定每一種品項的採購目標。以下詳細說明每個區塊。

(a) 戰略性高價品：單價高且占大多數費用的採購品項，屬於這個區塊的採購項目應該深入了解市場、建立詳細的成本模式、聚焦在生命週期總成本、採取全面性的風險管理方法、使用協同合作的供應商管理方式、採用加權的評選標準。重點在主動管理供應商，以降低風險和成本。例子：整廠承包、橋梁興建等。

(b) 戰略性低價品：低成本但是賣方少、採購週期長、具特殊或複雜技術特性的項目屬於這個區塊。這些物品會停止或是延遲營運活動或是專案活動的進行。因此必須進行穩健的風險分析、維持安全庫存、聚焦在採購成本而不是價格、使用協同合作的供應商管理方式、確保供應無虞、建立備用方案、隨時尋找替代方法降低風險、採用加權的評選標準。重點在建立緊急庫存，確保持續供貨和供貨品質。例子：顧問諮詢服務、特殊 IT 軟體等。

方法

(c) 戰術性日用品：這個區塊的物品可以馬上從其他賣方購得，因此是最有可能降低成本的區塊，應該著重在降低成本、利用市場的競爭取得採購優勢、深入了解市場、使用贏－輸談判策略、詳細的供應商分析、建立成本模式。重點在建立長期合約降低總花費。例子：汽車、電話、電腦、辦公事務機、汽油等。

(d) 戰術性規格品：低價、低風險、採購週期短、標準設計或標準規格、賣方很多是這個區塊的特性。應該著重在簡化訂購流程、極小化採購成本、確保有幾個供應商將自己視爲關鍵客户、使用電子採購、採用目錄訂購、使用架構式合約 (framework contract)。重點在減少採購行政工作。例子：消耗品、備用件等。

上述 (a)、(b) 和 (c) 三項花費的總合約占 80%。圖 7.6 說明四種品項的採購管理策略。

(3) 廠商偏好：廠商偏好是分析廠商會如何看待某個採購案的條件，以及他們會如何進行投標，因此可以據以制定一個具有足夠吸引力的採購計畫，來鼓勵更多廠商參與投標。廠商偏好分析使用：(a) 採購合約的價值，和 (b) 採購合約的吸引力，來定位潛在的廠商，價值可以表示成占廠商年收入的比率，數值愈大表示採購合約對廠商愈有價值。吸引力是指吸引廠商參與採購投標案的動機和意願的高低程度。圖 7.7 爲廠商偏好的分析圖，從廠商的角度將採購案分成四種，分別是：(a) 核心 (core)、(b) 開發 (develop)、(c) 收割 (harvest) 和 (d) 閃避 (nuisance)。核心的採購案廠商應該要設法抓住買方。開發的採購案廠商應該要灌溉關係、提供採購獎勵、努力表現。收割的採購案廠商應該要尋求短期利益。閃避的採購案廠商應該要避免參與。透過這樣的分析可以了解哪些廠商應該讓他們參與採購，哪些廠商應該不要讓他們參與採購。

6. 採購風險分析：確認和降低會延遲或破壞採購案執行成功的所有潛在風險的發生機率和衝擊。分析的重點包括市場的複雜性和競爭度、採購該品項的經驗、總體經濟狀況、

戰略性低價品	戰略性高價品
目標：降低供貨風險 **策略**：解決問題和管理風險 **組織**：商業人員和技術人員 **流程**：採購管理策略制定和審核、風險管理 **系統**：無特定需求 **技能**：市場分析、風險管理、供應商開發、問題解決、備案規劃、供應商績效管理	**目標**：長期物有所值，降低風險和成本 **策略**：有效的供應商關係管理 **組織**：治理/推動委員會 **流程**：制定源由、採購策略及有效能的合約 **系統**：專案管理、供應商績效管理系統 **技能**：市場分析、關係管理、複雜的談判、績效管理、策略規劃
戰術性規格品	**戰術性日用品**
目標：降低交易成本 **策略**：有效的交易管理 **組織**：分散式 **流程**：授權預算和決策給需求單位 **系統**：使用採購卡	**目標**：降低採購成本和交易成本 **策略**：匯集採購需求和有效交易管理 **組織**：專業的採購小組 **流程**：採購管理策略制定和審核、人員紀律 **系統**：電子投標、目錄、逆向拍賣

圖 7.6　四種品項的採購管理策略

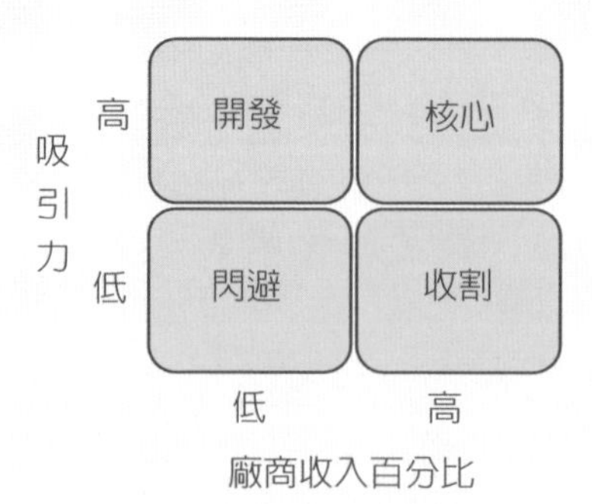

圖 7.7　廠商偏好分析圖

方法

技術創新、價格趨勢、供應商關係管理、法令規定、生態永續、供應鏈、市場假設、廠商能力等等。風險分析的做法是排序風險發生機率 (1 到 5) 和衝擊程度 (1 到 5) 的乘積，然後乘積由大到小先後制定因應措施和指定負責人。採購風險分析會影響採購策略和合約管理計畫的制定。採購風險可以透過四種方式因應：

(a) 避險 (avoid)：避掉風險太大的採購活動。

(b) 降低 (reduce)：改變流程或加強監控來降低或控制採購風險。

(c) 轉移 (transfer)：利用外包、對外採購、共同投資、民間政府合作等方式轉移或分擔採購風險。

(d) 接受 (accept)：風險在忍受範圍內不處理。

在採購過程必須監控風險，並建立風險記錄，以確保因應措施的有效性。表 7.4 爲風險記錄的範例。簡單的說，採購風險分析就是要分析：(1) 採購品項對組織的重要度，(2) 持續獲得該採購品項的困難度和風險，(3) 特定採購品項的風險，(4) 組織相關的風險，(5) 供應商相關的風險，(6) 市場相關的風險。

表 7.4　風險記錄範例

風險說明	發生機率 (1~5)	衝擊 (1~5)	評分	因應措施	負責人
合約簽訂後範圍或成本變更	4	2	8	改善規格和成本估計	買方
超低價標單	3	2	6	依規定處裡	買方
技術規格不正確	4	2	8	提早接洽廠商	買方 / 廠商
合約管理不好	3	2	6	改善合約管理能力	買方

7. 採購策略選定：根據前面的分析結果，產生幾個可行的採購策略，然後選擇一個最適合的採購策略。產生採購策略時必須考量的因素包括：(1) 採購合約的數量和型式，採

方法	購順序、完成時間、採購的期程、前置時間(包括廣告、招標時間)等。(2) 採購方法 (RFQ, ITB, RFP 等)和投標程序(一階段、二階段等)，(3) 規格：包括符合式規格 (conformance specifications) 和績效式規格 (performance specifications)。(4) 定價方法(單價、總價、實價等)和投標文件，(5) 績效指標：必須說明衡量對象和如何衡量。(6) 評選標準：包括評選項目和合格標準，是否國內廠商優先、超低報價處理方式、下包評估方式等等。(7) 合約管理方法：根據供貨品項定位和供應商偏好，選定最適合的合約管理模式。前面所產生的幾個採購策略，必須評估每個策略的：(1) 適用性 (suitability)：是否可以滿足採購目標；(2) 可行性 (feasibility)：採購策略的時程和成本是否可接受，市場的提供能力是否足夠等；和 (3) 接受性 (acceptability)：關係人是否接受該策略等。總結來說，選定採購策略是一個這樣的過程。(1) 產生潛在的採購策略，(2) 和採購目標比較，每個策略的內容項目，產生二到四個可能作法，成爲入圍選項 (shortlist)，(3) 評估入圍選項的不同作法，比較風險和適用性、可行性及接受性等，(4) 選擇最適合的策略，進行採購計畫的制定。表 7.5 爲採購策略評估範例。 8. 採購計畫制定：綜合上述的分析資料，制定一個最適合的採購管理計畫。
限制及假設	1. 法令規章：公共採購必須依照政府的法令規定處理，例如：招標方式、決標方式、合約型式選擇等等。民間採購必須依照企業內部的程序規章辦理。
產出	1. 採購目標：每個品項的採購目標，必須符合 SMART 的原則，例如：降低退貨率 3%。 2. 採購策略：針對每個品項的採購策略，內容包括採購方法、招標流程、規格型式、價格模式、生命週期總成本(購買成本、操作成本、報廢成本)、關鍵績效指標、合約策略、合約管理計畫等。 3. 工作説明：每個採購項目的內容描述，財物的採購稱爲規格 (specification)，工程的採購稱爲工作説明 (SOW, statement of work, work statement)，勞務的採購稱爲參考規約 (TOR, terms of reference)。

表 7.5　採購策略評估範例

	適用性 (1~10)	可行性 (1~10)	接受性 (1~10)	總分
策略一 公開招標 (詳細規格)	8	7	6	21
策略二 限制性招標 (詳細規格)	5	4	6	15
策略三 公開招標 (設計 / 建造 / 營運合約)	4	4	5	13
策略四 公開招標 (設計 / 建造合約)	5	4	7	16

4. 採購管理計畫：綜合分析結果和採購策略所完成的在某一期間內的採購管理計畫，內容包括哪些貨品在什麼時候要利用詢價、比價和議價方式，直接決定賣方進行採購，哪些財物、工程或勞務在什麼時候要進行招標，以及採購目標、招標流程、規格型式、價格模式、績效指標 (例如：供應商數量、有抱怨的招標數、成本降低、退貨數量、新供應商數量、延遲交貨次數、交易成本降低、內部客戶滿意度、採購人員取得證照數量等等)、相關作業、作業負責人、合約策略、合約管理計畫等等。

7.2 招標規劃

招標規劃 (solicitation planning) 是決定每個財物、工程或勞務的招標方式和製作招標文件。招標方式一般可以分成兩大類：公開招標 (open bidding) 和限制性招標 (restricted/limited bidding)，公開招標又分爲完全公開和選擇性公開 (selective open bidding)，完全公開是市場上的所有廠商都可以參與投標；選擇性的公開是買方定期公告邀請廠商預審資格 (request for prequalification)，進入合格名單 (shortlist) 內的廠商 (至少 6 家) 才被邀請參與投標，選擇性招標又分爲合格廠商選擇性和個案選擇性。合格廠商名單無法達 6 家時，則採公開招標或個案選擇性招標。預審資格的使用場合有：(1) 廠商條件複雜的採購、(2) 經常性的採購、(3) 研發事項的採購、(4) 文件審查費時的採購、(5) 廠商備標金額高的採購。限制性招標又稱爲直接承包 (direct contracting)，就是非公開的直接邀請少數幾家廠商投標，如果是二家以上就進行比價，如果只有一家就直接議價，但是應以邀請二家廠商投標爲原則。限制性招標的使用場合有：(1) 公開招標或選擇性招標時，沒有廠商投標或是沒有合格標，(2) 獨家製造或專屬智慧財產權達採購金額 50% 以上者，(3) 緊急事故之採購，(4) 原有採購之後續擴充者，(5) 原型或首次製造供應之標的，(6) 指定地區之房地產，(7) 事先於招標文件上已說明得擴充，且追加之工程或標的數量，金額低於原合約金額 50% 者，(8) 典藏文物之採購，(9) 法院拍賣之投標等。除了招標方式之外，決定招標流程也是招標規劃的重點，包括一階段和二階段，一信封和二信封。最後是決定決標方式，通常是最低價或是最有利廠商得標，但是要求環保產品的最低價招標，以符合環保要求的最低價廠商爲得標廠商，也就是非環保產品廠商，即使是最低標也不會得標，但是環保廠商的價格必須不高於非環保廠商的價格 10%。圖 7.8 爲招標規劃的方法。

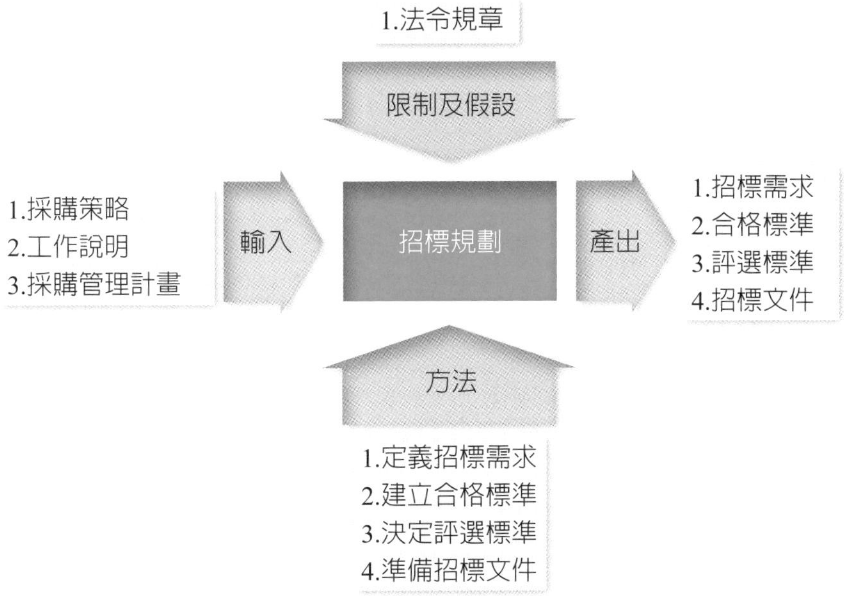

1.法令規章

限制及假設

1.採購策略
2.工作說明
3.採購管理計畫

輸入

招標規劃

產出

1.招標需求
2.合格標準
3.評選標準
4.招標文件

方法

1.定義招標需求
2.建立合格標準
3.決定評選標準
4.準備招標文件

圖 7.8　招標規劃方法

輸入	1. 採購策略：針對每個品項的採購策略，內容包括採購方法、招標流程、規格型式、價格模式、關鍵績效指標、合約策略、合約管理計畫等。 2. 規格／工作說明／參考規約：每個採購項目的內容描述，財物的採購稱爲規格，工程的採購稱爲工作說明，服務性的採購稱爲參考規約。 3. 採購管理計畫：綜合分析結果和採購策略所完成的在某一期間內的採購管理計畫，內容包括哪些貨品在什麼時候要利用詢價、比價和議價方式，直接決定賣方進行採購，哪些財物、工程或勞務在什麼時候要進行招標，以及採購目標、招標流程、規格型式、價格模式、績效指標(例如：供應商數量、有抱怨的招標數、成本降低、退貨數量、新供應商數量、延遲交貨次數、交易成本降低、內部客户滿意度、採購人員取得證照數量等等)、相關作業、作業負責人、合約策略、合約管理計畫等等。

方法

1. 定義招標需求：定義需要進行招標的財物、工程或勞務的招標需求，重點包括：
   (a) 定義清楚技術和品質需求。
   (b) 以性能或功能表示，並定義最低的要求，及保固和維修需求。
   (c) 盡量擴大投標的競爭家數。
   (d) 定義清楚滿足需求的合約範圍。
   (e) 設備、貨品或材料必須符合國際共同接受的標準，例如：ISO 標準，如果國際標準不存在或是不適用時，可以採用國家標準，但是投標文件中應該註明「設備、貨品或材料符合其他同等標準也可接受」或是「或同等品」。
   (f) 技術標準應該定義清楚衡量設備、貨品或材料是否合格的測試方法和標準。
   (g) 規格應該避免提到任何品牌的名稱，目錄編號或是其他分類代碼，如果規格無法訂定或精確說明，必須提到特定品牌名稱、商標、專利、設計、型式或目錄編號來補充說明規格時，也要註明「或同等規格者」。
2. 建立合格標準：合格標準 (qualification criteria) 的目的是爲了確保財物、工程或勞務合約只授予具有專業能力、財務能力和技術能力的廠商，通常是必須提供法定文件來證明其是否合格，包括廠商成立證書、繳稅證明、財務證明、廠商人員的專業證照、過去客戶績效證明、廠房機器證明等等。
3. 決定評選標準：評選標準 (evaluation criteria) 是指從許多廠商當中，選出得標廠商的評估標準。評選標準考慮因素包括採購的類型和價值、市場狀況、採購複雜度、風險、採購目標、合用性、廠商紀錄等。評選標準應該明訂在招標文件當中，包括評估項目以及衡量方式。如果：(1) 設備、工程和非諮詢服務的技術需求品質標準有清楚的產業標準時，那麼可以利用買方的生命週期總成本作爲廠商投標價格的評選標準。(2) 評選標準必須在價格和品質之間取得平衡時，使用價格以外的標準是比較恰當的作

	法，應用場合如下：(a) 必須比較廠商的資格、經驗和績效才能衡量品質時，(b) 同時包含財物、工程和服務的複雜採購時，(c) 使用已知高科技的基礎設施、設備和服務採購時。 4. 準備招標文件：買方製作招標文件，並提供給有興趣的廠商，合格的廠商或是入圍名單的廠商。招標文件說明招標的程序和合約如何授予，以及買賣雙方的權利義務，內容依合約的種類、價值和複雜度而有不同。
限制及假設	1. 法令規章：公共招標必須依照政府的法令規定處理，例如：招標文件內容、招標流程，資格審查資料等等。民間採購必須依照企業內部的程序規章辦理。
產出	1. 招標需求：財物、工程或勞務的招標需求。 2. 合格標準：投標廠商必須提供的法定文件以證明其符合投標資格。 3. 評選標準：從許多廠商當中，選出得標廠商的評估標準。 4. 招標文件：ITB 和 RFP 的招標文件基本內容如下： (1) 投標邀請函：說明採購名稱、代號、目的、文件清單等。 (2) 投標期限：說明投標的截止日期、開標地點、日期、時間等。 (3) 投標準備說明：說明投標方式、須準備之投標文件，以及文件份數、如何裝訂、密封方式，一信封或二信封。 (4) 投標內容說明：說明如何呈現技術說明和報價資料，包括成本細項分解。 (5) 評選方式及評選標準：說明投標資格 (特殊採購可以訂定特殊資格，例如：具相當經驗及實績：單次金額及數量不低於本次招標預算金額或數量的五分之二)、評選方式和評選標準的權重。廠商資格之要求不應限制競爭。 (6) 付款方式：例如：貨物到 30 天內結清，勞務和工程通常依照進度付款。

產出	(7) 履約保證金：說明押標金 (bid security)(5%)、履約保證金 (performance bond)(10%)、預付款還款保證金 (advance payment bond)(同金額)、保固保證金 (maintenance bond)(5%)、差額保證金 (margin bond)(實際底價 *0.8—得標價) 等。履約保證金和保固保證金通常可以採連帶保證方式取代繳納。押標金得標廠商可以轉爲履約保證金，未得標廠商則無息退還，違反採購之公正性者可不退還，例如：借名投標、期約賄絡等。 (8) 技術需求：說明招標的技術規格或參考規約，包括圖面、計畫或其他可以準確描述財物、工程或勞務的資料。 (9) 一般條款：採購合約的一般條款，依不同合約而稍有差異。 (10) 特殊條款：針對此採購合約的特定條款。 (11) 合約樣本：和本採購合約類似的樣本合約，如果是採購財物，合約內容應該包括包裝方式和運送方式、合約計價方式 (總價或實價)、保險政策、罰則 (違約金、延遲、缺陷) 等。 (12) 投標表格：廠商必須填寫的表格。 RFQ 的招標文件則是濃縮上面的文件成一封報價邀請函，內容簡短說明採購需求，以及合約一般條款。

執行採購

簡介

執行採購

執行採購階段 (implement procurement)(如圖 8.1) 是指組織、企業或政府根據前面採購規劃階段的採購管理計畫，依序進行財物、工程或勞務的採購和招標作業。前面提到採購包括例行性營運的採購，和非例行性專案的採購，不管是哪一種採購，又可以分爲直接採購 (direct purchase) 和招標採購。直接採購是指從市場上詢價和比價後，以請購單 (purchase order) 直接購買的採購方式；招標採購則是指考量提升品質和降低價格，採用招標作業所進行的採購方式。採購依採購品項的價值和採購過程的風險高低劃分，也可以分成高風險的採購 (high risk procurement) 以及低風險的採購 (low risk procurement)。此外，不論是例行性營運的採購和招標，還是非例行性專案的採購和招標，其中的直接物料和設備的採購，通常更具有及時性的使用問題，因此嚴密控管執行採購的過程是達成及時性採購目標的關鍵。執行採購階段的主要工作有以下兩項 (如圖 8.2)：

1. 採購招標。
2. 廠商選擇。

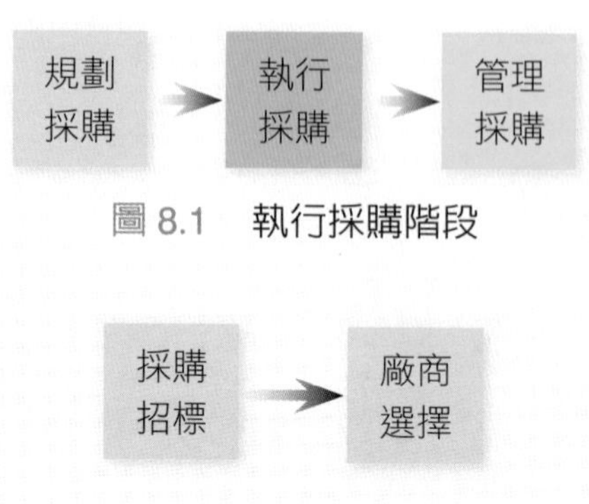

圖 8.1　執行採購階段

圖 8.2　執行採購階段步驟

8.1 採購招標

採購招標 (purchase and solicitation) 是依據採購管理計畫的內容和預定的時程，進行財物、工程或勞務的直接採購或招標作業的投標，也就是買方首先：(1) 設法尋找貨源以取得廣大可以直接採購的廠商名單進行詢價，(2) 透過公開的採購公告，極大程度的吸引有興趣的廠商前來索取投標文件，或是在某些特殊情況下，(3) 透過預審資格來建立合格廠商名冊進行投標邀請，或是 (4) 直接邀請少數廠商進行投標。直接採購通常使用於數量少、價值低和風險低的貨品採購，反之則宜採用招標方式進行。如果買方選擇以招標方式，應該盡量採用公開招標進行財物、工程或勞務的採購，因爲公開招標比較可以在廠商互相競爭之下，達成公平、公開、物有所值的採購目標。執行採購招標的程序之後，會取得廠商的報價和技術建議書，視招標流程可以是裝入一個信封或二個信封。圖 8.3 爲招標的方法。

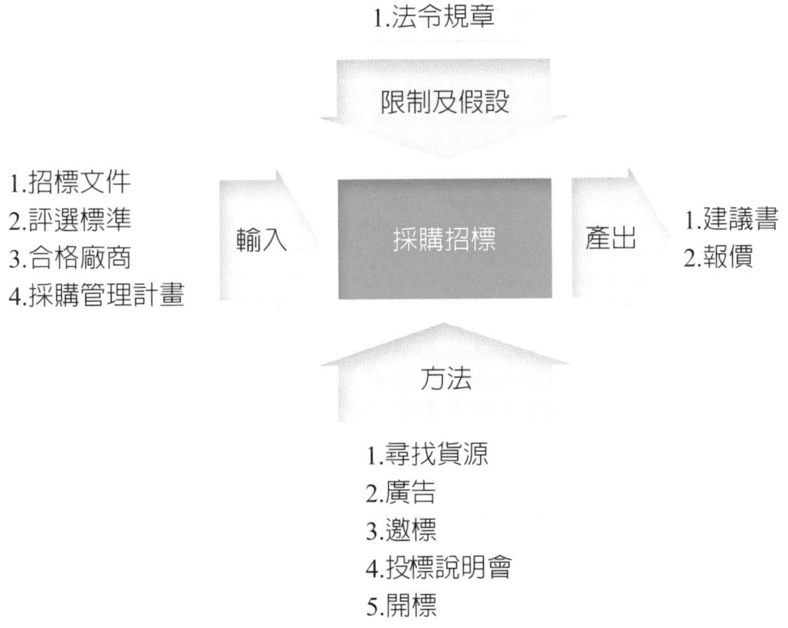

1.法令規章

限制及假設

1.招標文件
2.評選標準
3.合格廠商
4.採購管理計畫

輸入

採購招標

產出

1.建議書
2.報價

方法

1.尋找貨源
2.廣告
3.邀標
4.投標說明會
5.開標

圖 8.3 採購招標方法

輸入	1. 招標文件：買方製作並提供給廠商有關本次招標的文件，詳細請參閱招標規劃。 2. 評選標準：從投標廠商當中，選出得標廠商的評估標準，詳細請參閱招標規劃。 3. 合格廠商：資格審查通過的廠商、合格廠商名錄內的廠商，或是入圍的廠商名單。 4. 採購管理計畫：綜合分析結果和採購策略所完成的在某一期間內的採購管理計畫，內容包括哪些貨品在什麼時候要利用詢價、比價和議價方式，直接決定賣方進行採購，哪些財物、工程或勞務在什麼時候要進行招標，以及採購目標、招標流程、規格型式、價格模式、績效指標(例如：供應商數量、有抱怨的招標數、成本降低、退貨數量、新供應商數量、延遲交貨次數、交易成本降低、內部客戶滿意度、採購人員取得證照數量等等)、相關作業、作業負責人、合約策略、合約管理計畫等等。

方法

1. 尋找貨源：買方可以透過以下的步驟選擇合適的採購供應商：
   (1) 進行以下的三種分析：(a) 花費分析 (spend analysis)：依採購項目、供應商和期間 (例如：每季) 等交互分析採購花費，(b) 市場分析 (market analysis)：可以採用波特五力分析市場態勢，以及 (c) 需求分析 (needs analysis)：訪談使用者分析他們的需求、他們對現有供應商的績效評價、和對未來的期望等，以建立採購品類的基本輪廓 (category profile)。
   (2) 根據採購品類對企業的影響程度大或小，及其市場複雜度高或低，建立不同品類的採購尋源策略 (sourcing strategy)。如圖 8.4 所示。

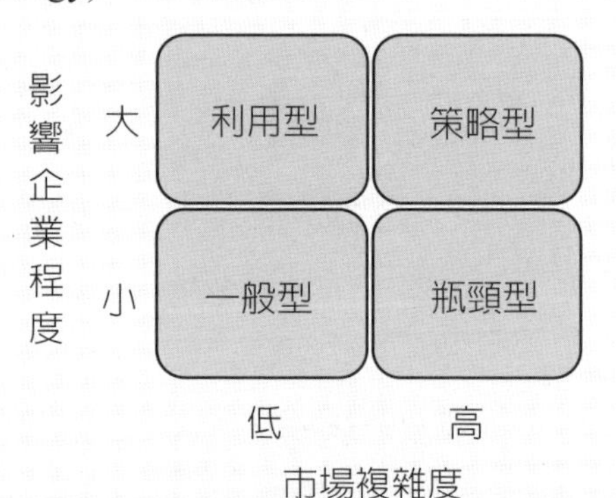

圖 8.4　採購尋源策略

圖 8.4 的策略內容說明如下：
   (a) 一般型品類 (non-critical)：策略是簡化採購流程和減少供應商的數量。
   (b) 利用型品類 (leverage)：策略是利用市場競爭來降低成本，或是提高採購數量來提升談判能力。
   (c) 瓶頸型品類 (bottleneck)：策略是尋找其他替代方案，或是加強與供應商的關係。
   (d) 策略型品類 (strategic)：策略是確保廠商供貨能力、和廠商建立緊密關係和整合和創新採購流程。
   (3) 建立供應商組合 (supplier portfolio)：盡量擴大供應商數量，並建立供應商選擇標準。

方法

(4) 選擇採購方法：例如：邀請報價 (RFQ, request for quotaton)、邀請投標 (ITB, invitation to bid) 或是邀請企劃書 (RFP, request for proposal) 等。RFQ 通常使用於低價明確的財物和勞務採購，被視爲非正式的招標方式，因爲最低價廠商直接得標。超過某金額以上的採購，通常採用正式的招標方式 ITB 和 RFP，必須依照公告規格／工作說明／參考規約、密封投標、開標的正式程序。ITB 使用於技術需求可以清楚定義的場合，因此通常是最低價得標。RFP 使用於需求無法完全定義清楚，希望廠商發揮創意的場合。通常使用性能規格，二信封投標。

2. 廣告：招標的廣告 (advertising) 又稱採購公告 (procurement notice) 或招標公告 (bidding announcement)，對公共採購或招標而言，公告是爲了符合法令的公開招標規定，對民間企業而言，公告則是爲了擴大參與採購或投標的廠商數量。視狀況需要，廣告可以是國內廣告或是國際廣告，方式包括網站上公告、專業雜誌上廣告、商業性出版品和報紙上登載等。採購公告除了稱爲邀請投標 (ITB, invitation to bid) 之外，也包括邀請預審資格 (invitation for prequalification)、邀請建議書 (IFP, invitation for proposal) 和邀請報價 (IFQ, invitation for quotation) 等等。上面 IFP 和 IFQ 的英文 invitation 也可以用 request 取代。所以也稱爲 RFP 和 RFQ 等。廠商領取招標文件的方式有親自領取、郵寄或電子領標等。從採購公告到投標開始，應該讓廠商有足夠的時間準備投標文件，通常 4 週 (國內標) 到 6 週 (國際標) 的時間，視清況可以延長和縮短。投標前，廠商可以使用書面的釋疑要求 (request for clarification) 要求買方澄清特定問題，買方在不揭露提問廠商下，可將回答影本寄給其它所有廠商。釋疑期限長大多有訂定，例如：至少爲等標期的四分之一或至少 10 日。另外，爲了避免發生綁標，政府採購可於招標前辦理公開閱覽，讓民眾檢視是否有不當限制競爭。

3. 邀標：不公告招標訊息，而是直接寄出投標邀請給少數合格廠商參與財物、工程或是勞務的投標，一般爲 3 到

方法

10 家廠商，例如：限制性招標或是選擇性招標，就是直接邀請廠商參與投標。政府採購通常規定，公開招標的公共招標案的投標廠商至少要 3 家以上才能開標，否則流標。同一廠商就同一個招標案，只能投標一次，總公司及分公司屬同一廠商。

4. 投標説明會：複雜的財物、工程或勞務的招標，可以另外舉辦投標説明會 (pre-bid conference)，再加上廠商對買方的現地勘查，讓廠商可以面對面和買方人員澄清問題，當時的會議記錄事後應該要轉寄給所有取得投標文件的廠商。從招標公告開始到投標截止的招標期間 (solicitation period) 或稱等標期，廠商可以提出書面詢問澄清問題，技術複雜度高的採購，也可以舉辦投標説明會，方式可以是會議、勘查或檢查。政府採購的等標期都訂有期限，通常爲 7 日到 40 日，不過也可以按照採購案屬性延長或縮短等標期。電子領標時，通常等標期縮短 5 日。政府採購如果廠商認爲招標文件有爭議時，可於等標期四分之一時間内或至少 10 日提出書面異議，買方應於 15 日内以書面通知廠商處理結果，廠商對異議處理結果不服時，可再於收到結果 15 日内提出書面申訴。申訴審議期間爲收到後 40 天，廠商對申訴結果不服時，可再提起行政訴訟。
5. 開標：開標 (bid opening) 是指開啓投標信封之密封，開標的方式依照招標文件的説明，以及是否爲一階段或二階段，一信封或二信封而有不同的處理過程。原則上，公開招標如果有 3 家以上合格廠商參與投標就可以開標，第一次招標沒有 3 家廠商投標，經核准後，第二次招標可以改爲限制性招標，則不受 3 家限制。選擇性招標除經常性採購必須有 6 家以上才能開標外，其他狀況和限制性招標一樣，沒有廠商家數限制。開標人員應特別注意下列可能不法之狀況：(1) 不同廠商地址相同，(2) 地址不同卻在同一郵局寄送，(3) 掛號收據連號，(4) 書寫筆跡相同，(5) 押標金爲相同銀行相同户頭開出之票據且連號，(6) 不同廠商由同一人繳納押標金，(7) 出席者爲另一廠商之員工等。開標必須依照採購文件上指定的時間和地點進行，它是一個開封、審標和紀錄的過

	程。報價通常是買方內部自行開標，標單(企劃書和報價)通常是公開進行開標。得標廠商通常會被買方要求議價，經過幾次議價之後，如果沒有進入底價，或是得標廠商價格低於底價的80%，未能於期限內說明或是說明不合理時則廢標。流標和廢標都需要重新招標。議價可以是優勝者議價或是依優勝順序議價。公開招標和選擇性招標以公開方式開標爲主。
限制及假設	1. 法令規章：公共採購必須依照政府的法令規定處理，例如：多少金額以上的採購要公開招標，什麼狀況下可以使用限制性招標或選擇性招標等等。民間企業也要遵循組織採購規章處理。
產出	1. 建議書：廠商針對投標項目如何完成，按照買方招標文件的要求內容，所規劃的技術建議書 (proposal)，又稱爲企劃書。 2. 報價：廠商回應買方對採購項目的詢價所做的報價，或是廠商針對完成買方招標項目所規劃的投標價格。

8.2 廠商選擇

廠商選擇 (vendor selection) 是買方收到廠商的報價之後，進行比價然後選擇供應商，或是依照招標文件的招標流程和決標方式，進行開標評比和決定得標廠商的過程。廠商除了提供報價和建議書之外，必要時，買方可以要求廠商進行投標簡報，解釋澄清報價和建議書的內容，並回答評審委員的問題。買方評比廠商的決標方式有：(1) 最低標 (非異質採購：不同廠商差異不大)，和 (2) 最有利標 (異質採購：不同廠商差異很大)，最有利標通常不訂底價。直接採購的最低價廠商，應該還要分析貨品的生命週期總成本；招標方式單純採用最低價廠商得標時，則容易造成廠商先以低價搶標，在執行階段再設法要求成本變更的現象。因此，最有利廠商得標應該是比較好的決標方式。對勞務的採購而言，因爲它的無形和不可觸摸性，可以採用不同的決標方式，包括以品質和成本、以品質、以資格、以固定預算、以最少成本等來選擇廠商。圖 8.5 爲廠商選擇的方法。

圖 8.5　廠商選擇方法

輸入	1. 建議書：廠商針對投標項目如何完成，按照買方招標文件的要求內容，所規畫的技術建議書 (proposal)，又稱爲企劃書。 2. 報價：廠商回應買方對採購項目的詢價所做的報價，或是廠商針對完成買方招標項目所規劃的投標價格。 3. 評選標準：從投標廠商當中，選出得標廠商的評估標準，詳細請參閱招標規劃。

方法	1. 投標評估：依照招標文件上的評選標準和方法進行投標評估 (bid evaluation)，買方應該組織一個至少 3 人的採購評審委員會 (evaluation panel)，政府採購則爲 5 到 17 人，外聘專家和學者人數至少占三分之一以上。所有委員至少二分之一出席，決議必須過半數同意，外聘專家和學者至少二人出席，且不得少於出席人數三分之一。評審委員必須嚴格遵照兩個原則執行評估工作：(1) 利益迴避原則，和 (2) 資訊保密原則。評估委員會最後必須完成投標評估報告。如果買方沒有足夠的技術能力和財務能力，可以委託顧問協助進行投標評估，包括最低成本 (should cost) 或是底價的估算。以下之採購狀況可不訂底價：(1) 複雜採購訂定底價有困難，(2) 小額採購，例如：10 萬元以下，(3) 最有利標。 2. 選擇廠商：買方根據採購案廠商的報價比較，或是招標案評估委員會的投標評估報告內容，依照招標文件中明訂的決標方式，選擇最適合的廠商作爲中選或得標廠商 (award of contract)。決定廠商的決標依據通常是選擇：(1) 最低價的廠商 (最低標)，適合 ITB 和 RFQ 的採購方式，或是 (2) 品質和價格組合最佳的廠商 (最有利標)，適合 RFP 的採購方式。最有利標的價格權重：(a) 招標文件沒有訂定固定價格時，權重應介於 20% 到 50%。(b) 招標文件有訂定固定價格時，權重可低於 20%。最低標採購有兩種狀況：(1) 訂有底價之最低標採購可要求最低價合格廠商優先減價 1 次，結果仍超過底價時，由所有合格廠商重新比減價格，比減價格不超過 3 次，由進入底價之最低價廠商得標，如果沒有廠商進入底價，在不超出預算且緊急需要時，如果不超過底價之 8%，經授權人員核准可決標，否則廢標或經核准採協商措施 (修改招標文件中之可變動項目重新遞送或重訂底價)。查核金額以上的採購，超過底價之 4% 時，經上級機關核准才可決標。合格廠商只有一家或是以議價辦理之採購，減議價次數應事先通知廠商。(2) 沒有訂底價之最低標採購，由評審委員會於開標後，以合格廠商之最低價爲基礎，提出採購案的建議金額，廠商最低價超過建議金額時，由最低價

方法	合格廠商優先減價 1 次，結果仍超過底價時，由所有合格廠商重新比減價格，比減價格不超過 3 次，由進入建議金額之最低價廠商得標，如果沒有廠商進入建議金額，則廢標或經核准採協商措施 (修改招標文件中之可變動項目重新遞送或重訂建議金額)。政府採購不論金額，如果要採用最有利標通常須經核准。最有利標評選方式有三種：(1) 總評分法、(2) 評分單價法、(3) 序位法，如表 8.1 到表 8.9 所示。最有利標如果不能選出最佳廠商時，也可以採用協商措施以避免廢標，但是經 3 次仍無法選出最佳廠商時，則應廢標。如果要採行協商措施，應預先於招標文件中說明可更改之項目。限制性招標採用最有利標時，投標廠商家數沒有限制，即使只有一家也可以開標。廠商評估的標準可以分爲資格、規格和價格，投標文件同時送達，一次開標或分段開標。分段開標時投標文件應分開密封，開標可以是依資格、規格和價格之順序，或是分資格和規格、或規格和價格開標。最有利標通常是資格和規格評分超過及格分數之廠商才開價格標，由最低價廠商得標。分段開標於第一階段如果廠商達法定家數，後續階段廠商家數可不受限制。國內廠商優先的採購，報價由低到高排列，由最低價廠商開始依序減價一次，最先低於國外廠商報價者得標。限制性招標公開評選時應該使用最有利標。通過預審資格的廠商如果得標，可能需要再進行資格的事後審查 (post qualification)，以避免原始資格資料有變動。有些民間企業在取得廠商第一輪的報價之後，會提出每個廠商的標單 (技術和報價) 缺點，然後要求廠商改善後，進行第二輪的報價，最後的得標廠商不一定是第一輪的最低價廠商。這個方式也稱爲最後的最好標單 (BAFO, best and final offer)。如果需要多個廠商時，可以採複數決標方式選擇多個廠商。如果允許廠商於得標後可提出替代方案時，可訂定獎勵措施鼓勵廠商創新，例如：廠商可以獲得合約節省價差之 50%。明定環保產品優先及優惠比率 (例如：10%) 的採購，環保產品廠商預估的效益金額除以非環保廠商之最低價，如果比值在

表 8.1　總評分法 (價格納入評分)

項次	評選項目	比重
一	廠商過去之經驗及履約情形 (包括驗收結果、扣款、逾期、違約、工安事件等)	10
二	品質管理計畫	5
三	工地管理及安全維護計畫	5
四	完工時程及其適切性	5
五	材料設備之功能及品質	25
六	設計之實用、美觀、方便及創意	25
七	執行本案主要人員經驗及專業能力	5
八	價格細目之完整性及合理性	20

表 8.2　總評分法 (價格納入評分結果)

廠商	評分結果					合計分數	平均分數	最有利標
	委員A	委員B	委員C	委員D	委員E			
甲	85	83	79	82	84	413	82.6	✓
乙	78	81	86	78	80	403	80.6	
丙	79	78	82	78	79	394	79.2	
丁	73	75	80	75	81	384	76.8	

表 8.3　總評分法 (價格不納入評分)

項次	評選項目	比重
一	廠商過去之經驗及履約情形 (包括驗收結果、扣款、逾期、違約、工安事件等)	10
二	品質管理計畫	10
三	工地管理及安全維護計畫	10

項次	評選項目	比重
四	完工時程及其適切性	10
五	材料設備之功能及品質	35
六	設計之實用、美觀、方便及創意	20
七	執行本案主要人員經驗及專業能力	5

表 8.4　總評分法 (價格不納入評分結果)

廠商	評分（平均）	投標價 (預算 1,000 萬元)	最有利標
甲	92	900 萬元	
乙	89	800 萬元	✓
丙	68	750 萬元	
丁	70	720 萬元	

表 8.5　總評分法 (固定價格給付結果)

廠商	固定價格	評分（平均）	最有利標
甲	900 萬元	89	
乙	900 萬元	91	✓
丙	900 萬元	76	
丁	900 萬元	71	

表 8.6　評分單價法

廠商	評分（平均）	投標價 (預算 1,000 萬元)	價格 / 評分	最有利標
甲	89	900 萬元	10.1	
乙	90	800 萬元	8.89	✓
丙	77	730 萬元	9.48	
丁	69	720 萬元	10.43	

表 8.7　序位法 (價格納入評比)

評選項目	比重	廠商得分			
		甲	乙	丙	丁
一、服務能力	20	18	15	17	16
二、專業技術及人力	20	18	16	15	13
三、設備品質	20	17	18	18	17
四、過去履約績效	10	8	7	6	6
五、價格之合理性	30	28	26	27	24
總分		89	82	83	76
序位		1	3	2	4
最有利標		✓			

表 8.8　序位法 (價格不納入評比)

廠商	評比結果	評分（平均）	投標價 (預算 1,000 萬元)	最有利標
甲	1	91	910 萬元	
乙	2	89	860 萬元	✓
丙	3	83	740 萬元	
丁	4	76	710 萬元	

表 8.9　序位法 (固定價格給付)

廠商	評比結果	評分（平均）	固定費用 900 萬元	最有利標
甲	1	92	900 萬元	✓
乙	2	88	900 萬元	
丙	3	84	900 萬元	
丁	4	77	900 萬元	

方法	優惠比率以內者(例如：5%)，決標給環保廠商；反之，則決標給非環保廠商。買方於決標時可不通知廠商到場，以議價辦理之採購案也可使用書面處理議價。如果廠商對審標及決標過程有異議時，通常最慢於決標日起15日內，可提出書面異議，買方應於15日內書面通知廠商處理結果，如果對處理結果不服時，廠商在收到結果15日內可提出書面申訴。申訴審議期間爲收到後40天，廠商對申訴結果不服時，可再提起行政訴訟。 3. 決定通知：買方以書面通知所有落選廠商，當有靜止期間 (standstill period) 的要求時，買方會在靜止期間過後，將合約給予得標廠商。 4 靜止期間：買方評選出得標廠商和實際簽訂合約前的緩衝時間，通常爲10個工作天，目的是讓落選廠商可以抱怨買方的決定，以澄清他們對公平性的質疑。買方針對質疑和抱怨，可以用書面方式回答或是召開落選說明會議 (debriefing)，向落選廠商解釋爲何他們沒有得標。 5. 決標通知：過了靜止期間以及處理了所有廠商的質疑和抱怨，買方以正式書面之決標通知 (notice of award of contract) 通知得標廠商已經得標，並副知所有未得標廠商。 6. 合約談判：買方和中選廠商或是得標廠商進行合約細目條款的協商和談判，特別是有關績效指標、保固條款、保險、付款方式、預付款、保留款、允收標準、里程碑、獎勵條款、下包管理、智慧財產權歸屬、權利義務、罰則及風險分攤等的談判。合約談判在實務上的考量有：(1) 做成紀錄、(2) 至少兩人在場，必要時包括律師，(3) 愼選談判人員(經驗、技術、財務)，(4) 談判人員要充分準備、(5) 嚴守利益迴避原則。另外，超過某個金額以上的採購，買方於簽約前，會由權責人員再進行合約授予前的審查和核准 (contract award review)。同樣的，簽約前也會給廠商一份合約草案，並給廠商足夠時間進行審查。

	7. 決標公告：買方將決標結果，包括投標廠商名稱、評選分數、落選廠商名稱、落選理由、得標廠商名稱、得標價格、評選分數、以及合約範圍和合約期程等資訊公告在報紙、網站或是其他媒體上，特別是公共招標依法令規定通常必須在決標後某期限內公告，例如：30 日內公告。決標金額如果涉及商業機密，經核准後可不公告。
限制及假設	1. 法令規章：公共採購必須依照政府的法令規定處理，例如：採用最低標或是最有利標，是否國內廠商優先，是否有靜止期間的要求等等。民間採購必須依照企業內部的程序規章辦理。
產出	1. 廠商：贏得此次採購案的中選廠商或是招標案的得標廠商。 2. 合約：和廠商所簽訂的採購合約或是招標合約，它是一個組織和廠商之間的書面法律文件。合約可以用多種方式呈現，包括長期合約 (LTA, long term agreements)、架構合約 (framework agreement)、開口合約 (open contract)、統購合約 (blanket contract)、訂單 (purchase order)，甚至是合作備忘錄 (MOU, memorandum of understanding)。一般來說，組織都訂有某金額以下的採購不需要簽訂正式的合約，可以用訂單方式進行，待廠商簽回訂單之後，合約關係就成立。依照採購的計價方式，採購合約可以分爲：(1) 總價合約 (fixed price/lump sum contract)：適合採購內容、期程和產出可以清楚定義、沒有技術問題、只有價格問題的場合，廠商必須在規定的成本內完成採購項目，不管最終成本多少，因此買方的風險比較小。總價合約又分爲：(a) 固定總價合約 (FFP, firm fixed price) 和 (b) 總價附加獎勵合約(FPIF, fixed price incentive fee)。(2) 實價合約 (cost reimbursable contracts)：適用於有技術問題、成本無法事先精確估計的高風險採購，通常配合使用獎勵條款，以防止成本的無法控制，也就是廠商低於某個成本完成，可以獲得多少比例的回饋獎勵，實價合約買

	方風險比較高。實價合約又分爲：(a) 成本附加成本百分比利潤合約 (CPPC, cost plus percentage of cost)、(b) 成本附加固定利潤合約 (CPFF, cost plus fixed fee)、(c) 成本附加獎勵合約 (CPIF, cost plus incentive fee)。(3) 單價合約 (T&M, time and material)：適用於無法事先知道最終採購數量的場合，雙方先同意一個固定的單價，最後完成時，將使用數量乘上單價，就是買方應付的總價，訂定單價的風險由廠商承擔 (類似總價)，最後總價的風險由買方承擔 (類似實價)。所以單價合約買方和廠商風險各半。實務上的建議是爲每一種採購方式建立標準合約 (財物、工程、勞務)，個別的採購再根據標準合約做細部微調。高風險的複雜採購、買方應該要求履約保證金。 表 8.10 到表 8.13 説明幾種總價合約和實價合約的差異性。
產出	3. 合約管理計畫：採購人員分析合約的內容，製作合約管理的工作分解結購 (contract WBS)，然後制定對廠商的合約管理計畫，內容包括合約背景、合約目標、交付成果、角色責任、管理會議、風險管理、績效管理、溝通管理、提早完成獎勵、物價指數調整 (調整項目、不調整項目、調整門檻、調整公式 (如表 8.14 及表 8.15 範例)、爭議處裡、付款方式、合約變更、合約結束等。合約管理計畫的內容和範圍應該要符合合約的複雜度、風險和價值，也就是簡單和低風險的合約可以只包含：角色責任、關鍵合約日期、里程碑日期、付款里程碑、及其他需要紀錄之事項等。總括來説，合約管理計畫的內容包含：(1) 敘述性項目 (descriptive components)：說明合約角色責任、溝通方式、付款方式、交付成果、版本控制、紀錄更新、爭議解決方式等，和 (2) 動態性項目 (dynamic components)：需要定期更新的內容，包括風險管理計畫、進度要徑和關鍵績效指標值等。

表 8.10 總價附加獎勵合約

	合約 (萬)	實際完成 (萬)						
目標成本	1,000	800	900	1,100	1,200	1,300	1,400	1,500
目標利潤	200	200	200	200	0	0	0	0
目標價格	1,200							
封頂價格	1,400							
分享比例	30/70	60	30	0	0	0	0	0
完工總價	1,200	1,060	1,130	1,200	1,200	1,300	1,400	1,400
實際利潤	200	260	230	100	0	0	0	0

表 8.11 成本附加成本百分比利潤合約

	合約 (萬)	實際完成 (萬)	
估計成本	1,000	1,200	1,400
利潤百分比 10%	100	120	140
完工總價	1,100	1,320	1,540
實際利潤	100	120	140

表 8.12 成本附加固定利潤合約

	合約 (萬)	實際完成 (萬)	
估計成本	1,000	1,200	1,400
固定利潤	100	100	100
完工總價	1,100	1,300	1,500
實際利潤	100	100	100

表 8.13 成本附加獎勵合約

	合約 (萬)	實際完成 (萬)		
估計成本	1,000	800	900	1,200
固定利潤	100	100	100	100
節省分享比例	20/80	40	20	-40
完工總價	1,100	940	1020	1,260
實際利潤	100	140	120	60

表 8.14　物價指數漲跌調整合約總價 (一)

<table>
<tr><th colspan="3">調整金額 = A ×(1－E)×(指數增減率之絕對值 - 調整門檻)× F</th></tr>
<tr><td colspan="2">A</td><td>當期估驗款扣除各項費用或當期估驗款之70%</td></tr>
<tr><td colspan="2">E</td><td>已付預付款之最高額占合約總價之百分比</td></tr>
<tr><td rowspan="2">指數增減率
(B/C-1) ×100%</td><td>B</td><td>估驗日約定指數月之總指數</td></tr>
<tr><td>C</td><td>開標當月總指數</td></tr>
<tr><td colspan="2" rowspan="3">調整門檻</td><td>個別項目指數漲跌超過 10%</td></tr>
<tr><td>中分類項目指數漲跌超過 5%</td></tr>
<tr><td>總物價漲跌超過 2.5%</td></tr>
<tr><td colspan="2">F</td><td>(1 ＋營業稅率)</td></tr>
</table>

表 8.15　物價指數漲跌調整合約總價 (二)

$$P_n = a + b\frac{L_n}{L_o} + c\frac{E_n}{E_o} + d\frac{M_n}{M_o}$$

P_n	調整係數
a	合約不可調整部分百分比
b	人工部分百分比
L_n	新人工基本費率
L_0	原人工基本費率
c	設備部分百分比
E_n	新設備基本費率
E_0	原設備基本費率
d	材料部分百分比
M_n	新材料基本費率
M_0	原材料基本費率

管理採購

簡介

管理採購	管理採購階段 (manage procurement) 是指監督和控制廠商執行採購合約的績效，包括財務、工程或勞務的直接採購績效或招標採購績效。監督採購績效是指定期比較實際績效和合約績效的差距，控制採購績效則是指當實際績效落後合約績效時的處置，包括依合約罰則規定的延遲罰款和扣款，因爲規格修改或關鍵品項價格波動的合約總價的調整，因爲不可抗拒外力所造成的執行期程的變更處理，解決買方或廠商所提出的訴求，以及任何其他因素所造成的合約變更處理等等。買方管理採購的重點：(1) 在合約簽訂前：評估採購風險、制定合約策略、制定合約管理計畫。(2) 在合約簽訂後 (大而複雜合約)：與廠商召開合約的績效前會議 (pre-performance meeting)，確定雙方充分了解權利義務和合約條款。(3) 在合約管理過程：管理合約紀錄、廠商績效、請款付款、合約變更和爭議解決等。(4) 在合約結束時：審查合約和歸檔合約等。管理採購階段如圖 9.1 所示，而管理採購階段的主要工作事項包括 (如圖 9.2)： 1. 合約管理。 2. 合約結束。

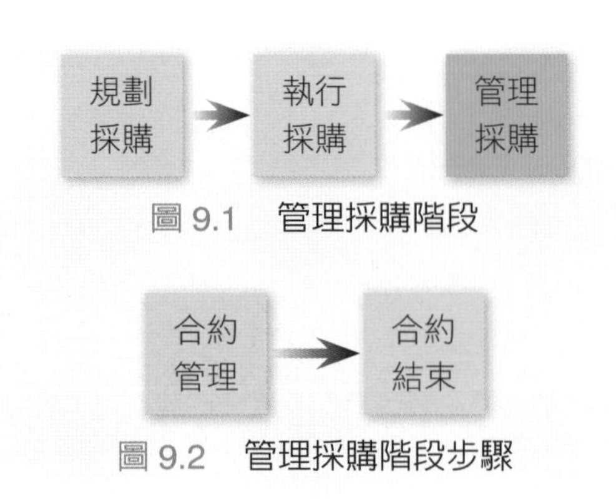

圖 9.1 管理採購階段

圖 9.2 管理採購階段步驟

9.1 合約管理

合約管理 (contract administration) 是監督和控制合約的執行績效，以確保廠商發揮最佳的合約表現，主要的管理內容包括監督可交付成果的進度、定期和廠商的溝通、管理對廠商的付款、控制合約相關的變更和解決雙方的爭議和訴求，必要時進行廠商的現地勘查等。廣義的合約管理 (contract management) 是買方在簽訂合約之前就已經開始，因爲合約管理人員在採購規劃的一開始就開始參與合約的規劃，包括合約型式的選擇、招標方式的決定、評選標準的確認等等。合約管理人員要熟悉每個合約的內容，包括合約的一般條款和特殊條款、合約的範圍、可交付成果、里程碑、績效衡量方式、重要時間點以及合約的附件等，才能提高合約管理的效能。採用訂購單的簡單財物或勞務採購，使用電話或 E-mail 通常就足以做好合約管理，複雜的採購就必須依合約管理計畫進行管理。圖 9.3 爲合約管理的方法。

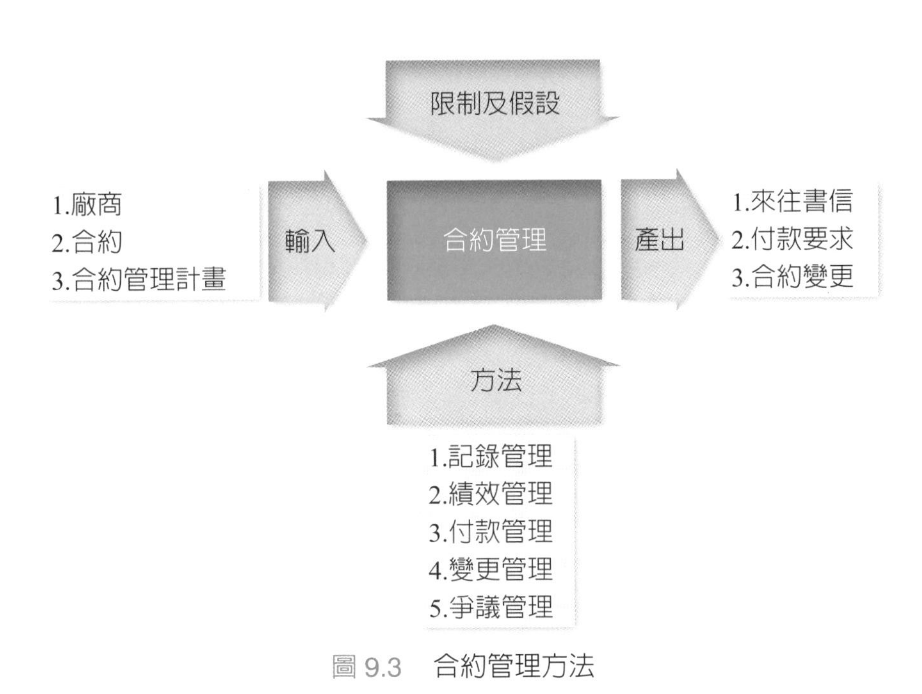

圖 9.3　合約管理方法

輸入	1. 廠商：贏得此次採購案的中選廠商或是招標案的得標廠商。 2. 合約：和廠商所簽訂的採購合約或是招標合約。 3. 合約管理計畫：買方對廠商的合約管理計畫，內容包括合約背景、合約目標、交付成果、角色責任、管理會議、風險管理、績效管理、溝通管理、爭議處裡、付款方式、合約變更、合約結束等。合約管理計畫的內容和範圍應該要符合合約的複雜度、風險和價值，也就是簡單和低風險的合約可以只包含：角色責任、關鍵合約日期、里程碑日期、付款里程碑、及其他需要記錄之事項等。總括來說，合約管理計畫的內容包含：(1) 敘述性項目 (descriptive components)：合約角色責任、溝通方式、付款方式、交付成果、版本控制、紀錄更新、爭議解決等，和 (2) 動態性項目 (dynamic components)：需要定期更新的內容，包括風險管理計畫、進度要徑和關鍵績效指標值等。

方法

1. 記錄管理：記錄的管理 (record management) 是合約管理很重要的一環，包括合約相關文件、和廠商來往的書信、財務紀錄、會議記錄、合約績效審查、工程採購的照片以及其他各種紀錄等。記錄管理可以是人工管理或是利用資訊管理系統。
2. 績效管理：廠商執行合約的定期績效管理 (performance management)，包括：(1) 進度績效：廠商是否符合合約的進度要求。(2) 安全績效：廠商執行合約的危害事件績效。(3) 品質績效：廠商可交付成果是否符合品質績效標準。(4) 規格績效：廠商可交付成果是否符合規格、工作説明和參考規約的規定。(5) 環保績效：廠商執行環境保護的績效。(6) 合約績效：廠商符合合約條款、報表規定和行政要求的績效。買方對廠商的績效查驗，可以依履約進度分段查驗，並作爲驗收之依據。工程採購可不定期至工地查核。績效管理可以分爲以下兩種方式：(1) 直接觀察 (direct observation)：例如：工程採購案，需要定期的到現地勘查和測試，以確定廠商的實際進度；(2) 間接觀察 (indirect observation)：例如：知識導向的勞務採購案，無法使用直接觀察知道是否如期、超前或落後，就以進度報表、測試報告和技術審查等來管理績效。採購人員也可以使用合約管理計畫中的關鍵績效指標來衡量廠商績效，並在定期的合約審查會議 (contract review meeting) 中溝通績效現況，實務上建議花 40% 的會議時間，審查過去的績效 (backward looking)，花 60% 的會議時間，討論未來的規劃和改善措施 (forward looking)。小型簡單非關鍵的合約，使用電話或許就可以確定是否符合合約績效，大而複雜的合約可能需要定期的進度會議、技術審查、測試 (性能測試、成分分析、準點測試、耐火測試、抗磨測試等)、稽核、報表製作 (種類、頻率、期間、格式、對象) 等，才能確定是否如合約績效。績效是否符合的標準有兩種：(1) 客觀標準 (objective standards)：例如：產品的規格、勞務的每週割草坪次數，(2) 主觀標準 (subjective standard)：產品好不好操作，草坪割得平不平整。績效標準在合約當中必須明訂清楚，才能作爲允收和拒絕的依據。績效

方法

管理除了觀察和蒐集資料之外，還必須分析資料，如果發現績效落後，採購人員應該找出原因和對策，如果問題仍然無法解決，那麼雙方可以商談合約變更，如有需要，由一方賠償另一方的損失。工程及財物採購應限期由主驗人，會同使用單位或接管單位驗收，並可視需要進行部分驗收和部分付款，驗收完畢應製作驗收證明書。勞務採購可以採書面審查或以審查會議方式 (主持人即主驗人) 驗收，驗收完畢視需要製作驗收證明書。採購驗收不合規定時，在不影響使用需求及安全的情況下，可以減價方式處理。採購人員不得擔任主驗人或檢驗人，以避免球員兼裁判。

3. 付款管理：付款管理 (payment management) 必須根據合約上的規定，並且不只做到及時付款，還要監督實際付款和計畫付款的差異 (回溯)，以及未來的即將付款 (前瞻)，以達成穩健的合約財務管理。買方付給廠商的款項可以分爲：(1) 預付款 (advance)：買方於簽定合約時付給廠商的款項，(2) 部分付款 (partial)：買方購買特定物品或服務所付的款項，(3) 進度付款 (progress)：根據達成進度或里程碑所付的款項，又稱爲分期付款，(4) 尾款 (final)：根據最終合約績效所付的款項，(5) 保留款 (retention)：買方於合約結束歸還爲確保廠商達到合約要求，對廠商每次請款的扣留款。對工程採購有時是爲了避免廠商沒有付款給下包商。
4. 變更管理：合約的變更管理必須明訂在合約之中，包括變更幅度的核准層級。合約變更的原因有：(1) 工作範圍變更，(2) 不可預知的事件 (地質、氣候)，(3) 申訴的處理等。買方針對廠商變更的訴求，應該要：(1) 分析變更的原因，(2) 分析變更對合約交付成果的影響，(3) 分析變更對合約價格和期程的影響，(4) 依照合約條款審核變更。合約變更的內容可能包括：價格變更、時間展延、規格變更、人員變更、行政事務變更 (如地址) 等。採購的成本變更原因有：(1) 超支，和 (2) 成本增加。超支是實際成本超過合約成本，原因可能是匯率變動、低估人員投入、低估材料成本、或是人工和材料費增加。成本增加是合約工作範圍增加或是合約條款改變所造成

方法	的成本提升。時間展延可能來自廠商對無法預知的工作增加所提的訴求、或是買方的變更需求。因此可以分爲兩種狀況：(1) 有理由的展延：廠商無法控制的展延，包括買方所造成的展延、和不可抗拒外力所造成的展延，例如：天災。此種時間展延可能還需要提高總價合約的總價、或是提高單價合約的封頂價格 (ceiling price)。(2) 沒有理由的展延：歸咎於廠商所造成的展延，買方可以依照合約罰則處理。另外，如果一方違反合約規定，另一方可以提出違約賠償 (remedies)，違約的損害賠償 (liquidated damage) 方式應該明訂於合約之中。 5. 爭議管理：如果廠商對履約及驗收有爭議時，可以申請調解，雙方應該按照合約的指定機制，盡可能以友好的態度，依照爭議處理條款解決爭議 (claim & dispute)，如果是國際的廠商，則可以透過商業仲裁處理爭議。現實上，不管合約定得多麼嚴謹，申訴和爭議仍然無法避免，買方召開合約授予後的績效前會議 (pre-performance meeting) 就是要減少合約的爭議和日後的申訴。一般來說，合約爭議的處理原則是：手寫的文字高於印刷的文字、印刷的文字高於事先印好的範本文字、特殊條款高於一般條款。合約爭議的處理，首先透過雙方的談判 (negotiation)，如果談判不成，可以藉由第三方進行沒有法律約束力的調解 (mediation)。如果調解還是不成、可以進行有法律約束力的仲裁 (arbitration)，如果還是沒有解決合約爭議，最後可能就要進行法律訴訟 (litigation)。
限制及假設	
產出	1. 來往書信：買方和廠商有關合約的正式來往書面文件。 2. 付款要求：廠商依合約規定完成進度時，向買方提出之付款要求。 3. 合約變更：因爲各種原因導致合約必須變更，而且經過雙方同意之後所做的變更。

9.2 合約結束

合約結束 (contract closure) 是當廠商達成合約要求之後，買方對合約進行收尾的一連串作爲，包括：(1) 確認財物、工程或勞務的最終可交付成果已經驗收通過，(2) 確認已經收到完工證明，(3) 確認所有付款已經結清，履約保證金已經歸還廠商，(4) 確認所有爭議已經解決，(5) 確認所有智慧財產權已經轉移到指定方，(6) 確認收到財物或工程的保固書。合約結束的另一種型式是合約終止 (termination)，它是買方認爲廠商績效已經會危害到整體採購目標時的作爲，例如：廠商違反合約規定私下轉包。財物、工程和勞務的採購合約終止，可能發生在廠商無法達到合約的要求，或是無法修復或拒絕修復缺陷時所採取的動作。採購合約也可能是因爲廠商發生違反專業倫理的事件而終止。最後，當買方沒有依照合約進行付款時，廠商也可以提出合約終止。合約終止會衍生出索賠問題，如果雙方認知不同，甚至會引發訴訟。政府採購因政策改變須終止合約或解除合約時，應補償廠商之損失。圖 9.4 爲合約結束的方法。

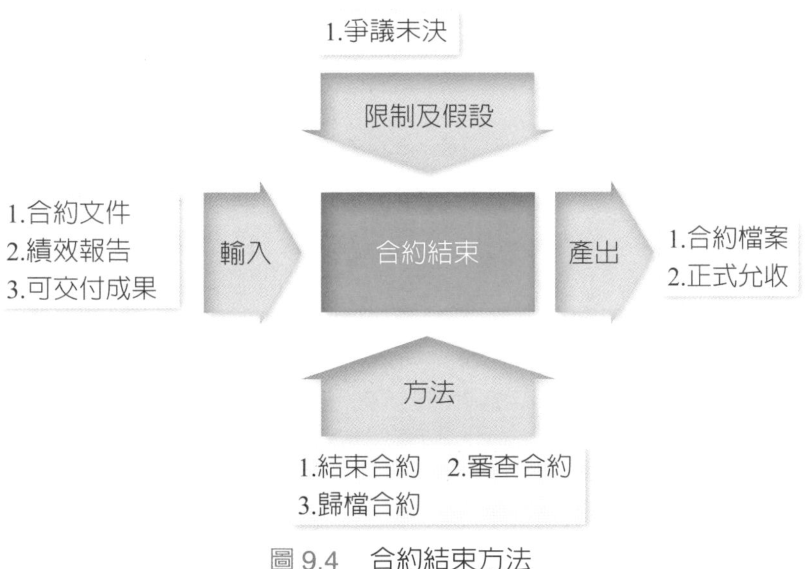

圖 9.4 合約結束方法

輸入	1. 合約文件：所有和某個採購合約有關的文件資料。 2. 績效報告：廠商在執行採購合約過程的所有績效報告。 3. 可交付成果：廠商依照買方採購合約的要求，所完成的最終可交付成果。
方法	1. 結束合約：買方內部確認合約的最終可交付成果已經完成，而且沒有任何未解決的事項和問題。然後通知廠商合約已經完成。雙方同意合約已經完成之後，就進入合約結束的程序： (1) 完成所有行政事項。 (2) 買方確認已經收到所有有關財物、工程和勞務的相關資料，包括竣工圖、操作手冊、訓練手冊、保證書或保固期。 (3) 廠商測試、組裝、檢查和移交財物、工程或勞務給買方。 (4) 買方準備可交付成果的最終缺陷清單 (final defects list)。 (5) 買方確認任何需要從合約總價扣除的損壞金額。 (6) 買方準備要給廠商的合約完成證明 (completion certificate)。 (7) 買方付清款項。 (8) 買方在廠商責任期內，追蹤最終缺陷清單的處理進度。 (9) 買方在發出履約保證書 (performance certificate) 給廠商之前，記錄最終驗收的日期和細節。 (10) 買方記錄保留款的結束日期和保證期限。 (11) 買方處理保固、賠償和保險事項。 (12) 買方彙整廠商的所有訴求。 (13) 買方記錄和驗算最終的合約總付款。 (14) 買方進行廠商總評估。 2. 審查合約：買方進行內部的採購合約審查和稽核，包括：(1) 安全績效和環境績效。(2) 財務績效：合約總價、價格調整、匯率變動、合約變更、訴求和爭議對合約價格的影響等。(3) 實際合約完成時間和計畫完成時間的比較。(4) 依照關鍵績效指標衡量整體採購合約績效。(5) 採購的經驗教訓等等。

	3. 歸檔合約：買方將所有和採購合約有關的文件紀錄，整理、歸檔和儲存起來，以作爲未來採購專案的參考。政府採購的歸檔應包括招標文件、投標文件、異議文件、申訴文件、其他有關文件資料，例如：錄影存證、監工日誌、簽呈文件等。公共採購文件一般都訂有保存年限，儲存方式和銷毀程序。
限制及假設	1. 爭議未決：所有重大爭議都解決了，合約才能結束。
產出	1. 合約檔案：整理成冊的採購合約檔案。 2. 正式允收：買方對廠商可交付成果的正式接受。

Date ______/______/______

採購管理專有名詞

Arbitration (仲裁)

事先明訂於合約當中，用來處理合約爭議的方法，它是請公正的第三方，協助得出一個具有法律約束力的爭議判斷結果，仲裁的目的是爲了避免進入訴訟。

Best and final offer (最好的最後標單)

邀請建議書的招標於最後評估階段，當至少有兩家以上的廠商競標時的決標方法，買家要求廠商再遞送最後的報價和建議書，最好的廠商得標，得標廠商未必是前面階段的較優廠商。

Bid (投標)

廠商回應投標邀請的投標。

Bid security (bid bond) (押標金)

廠商用以擔保願意遵守投標規定，而繳給買方之保證金，目的在督促廠商於得標後履行合約，並確保投標之公正性，廠商如有不當或違法之行爲，所繳納之押標金可不予發還。

Bidder, Proposer (投標者)

投遞標單的組織或個人，針對 ITB 或 RFQ 的投遞者稱爲 Bidder，針對 RFP 的投遞者稱爲 Proposer。

Bill of lading (提貨單)

承運人應托運人的要求所簽發的貨物收據，在將貨物收歸其照管後簽發，證明已收到提單上所列之貨物，也是承運人所簽署的運輸契約證明，提單還代表所載貨物的所有權，是一種貨物所有權憑證。提單持有人可據以提取貨物，也可憑此向銀行押匯，還可在載貨船舶到達目的港交貨之前進行轉讓，是承運人與托運人之間的運輸合同證明。

Blanket contract (統購合約)

買方和一個或多個廠商建立的長期供貨合約，廠商承諾在未來一段期間內，按協議的價格和條件，隨時重複供應買方所需的貨品數量。通常是低價的財物或勞務。

Buyer (買方)

進行財物、工程或勞務採購的組織或個人。

Catalogue (型錄)

呈現產品或服務的內容、價格、衡量單位等的清單。

Collaborative procurement, common procurement (聯合採購)

幾個組織一起進行採購，以提高採購數量、降低價格、提高品質。

Competitive bidding, competitive solicitation (公開招標)

一種公開邀請多家廠商進行競標，以取得最低採購價格或最高採購價值的招標方式。

Contract (合約)

一個約束雙方權利和義務的書面文件，型式可以是合同、訂購單或是意向書。

Contract administration (合約管制)

合約簽定之後的所有合約管制作業，包括合約變更、記錄保存、檔案維護、合約結束、保證金管理等事項。

Contract management (合約管理)

定期監督和管理廠商的績效，以確保符合合約條款的管理作爲，包括管理和供應商的關係、和使用單位的關係、和廠商檢討績效、爭議處理等。

Contract modification, contract amendment (合約修正)

任何有關合約條款的修正，經雙方同意後才生效。

Contractor (包商)

任何和買方訂立合約關係的廠商，可以是個人、企業或是政府。

Cost estimate (成本估計)

提供物品或勞務的粗略費用或成本估計。

Default (缺陷)

廠商沒有符合合約要求的失誤。

Delivery time (交貨時間)

廠商從簽定合約到可以在指定地點交貨的期間。

Disposal (處置)

從一個地方移除廢棄物或任何多餘物品等等的動作。

E-procurement (電子採購)

利用網路進行採購的作業方式，以縮短採購時程和降低交易成本。

Exigency (緊急需要)

一種不是因爲規劃不當而引起的例外性、急迫性、緊急性的需求，如果不馬上處理，可能會造成組織的財物損失或人員傷害。

Expression of interest (意向書)

廠商回應買方的邀請意向書公告，以表明有意願參與投標。

Fixed price (總價)

一種以一個固定價格要求廠商完成交付目標的合約種類，除非買方有變更規格或是合約條款，否則價格不會變動。

Force majeure (不可抗拒外力)

一種在特殊狀況下，例如：天災，可以免除廠商責任的合約條款。

Framework agreement (架構合約)

政府單位和一家或多家廠商簽定的協議，設定未來選擇包商時會應用到的合約條款。

General conditions of contract (合約一般條款)

廠商必須遵守的合約標準條款，通常包括下包商條款、賠償條款、不可抗拒條款、智慧財產權條款、爭議處理條款、合約變更條款等等。

Goods (財物)

任何種類的物品，包括原材料、產品、設備，不管是固體、液體或是氣體都屬財物。

Guarantee (保證)

一種保證或抵押，用以確保一方可以如合約履行義務，例如：銀行擔保。

Incoterms (國際貿易術語通則)

由國際商會 (ICC, International Chamber of Commerce) 所制定的標準國際貿易用詞，可以用在合約當中，以規範運送財物的成本、風險和責任。

Intellectual property (智慧財產)

由智慧所產生出來的創造物，包括著作權、商標和專利等。

Inventory (庫存)

任何被保留作爲後續使用的材料、元件或產品。

Invitation to bid (邀請投標)

財物或勞務需求可以明確定義清楚的一種正式投標邀請，通常以最低價得標。

Invoice (發票)

廠商依合約完成財物或勞務後，所開出來要求買方依合約付款的文件。

Lead time (前置時間)

開出採購訂單到收到貨品的時間，包括訂單傳遞、處理、貨品準備和運送。

Letter of intent (意向書)

一個合約前由雙方簽屬的文件，用以表示雙方對未來合約的期望方式，確保雙方清楚了解基本的協議，意向書沒有法律約束力。

Liability (責任)
任何一方由法律、規定或合同所產生的對另一方的義務和責任。

Life cycle cost, whole life cost, total cost of ownership (生命週期總成本)
由採購成本、組裝成本、操作成本、維護成本、升級成本和殘值等所構成的總成本。

Liquidated damages (損害賠償)
一方因違反合約規定，必須依合約條款賠償另一方損失的總金額。

Logistics (後勤)
爲了符合客戶需求，規劃和控制物品從一個地點到消費地點的運送和儲存方式。

Long term agreement (長期合約)
一個由買方和廠商所簽訂的書面協議，規定在某一期間內，廠商必須以協議的價格供應買方協議的採購品項，但是買方沒有最高採購量和最低採購量的義務。

Market research (市場研究)
蒐集、分析和市場有關的資訊，以協助確認供應商，制定規格、工作說明和參考規約，了解價格和技術現況的過程。

Maverick buying (獨立購買)
沒有使用既有採購合約的採購方式，因爲是零售價，所以成本高約5%~10%。

Memorandum of understanding (備忘錄)
備忘錄可以是說明雙方的期望、承諾或長期目標的非正式協議，也可以是具有法律約束力的正式協議，備忘錄所使用的語言，決定它是正式還是非正式。

Net present value (淨現值)
未來現金流量的現在價值，如果是正值，表示專案可行，反之不可行。

Offer, tender, submission (標單)

廠商參與投標的標單、報價或建議書的一個通用名詞。

Open contract (開口合約)

在一段期間內，以一定金額或數量爲上限的採購合約，通常只訂單價，依實際數量或施作再結算總價。

Outsourcing (委外)

把某個內部的商業流程委由外面其他企業協助完成。

Performance security (performance bond) (履約保證金)

一種財物上的手段，用來作爲廠商沒有依合約條款履行義務時的補償。

Procurement (採購)

對外購入取得財物、工程或勞務，包括智慧財產權。

Proposal (建議書)

廠商回應買方建議書邀請的標單。

Purchase order (訂購單)

一種購買財物或勞務的合約。

Purchasing card (交易卡)

一種請購者被授權可以使用由銀行發出的信用卡，直接向廠商購買高購買頻率和低價的物品，可以大幅減少文件作業。

Quotation (報價)

廠商回應買方報價邀請的標單。

Remedy (賠償)

一種可以讓一方尋求另一方因違反合約條款的補償。

Request for expression of interest (邀請意向書)

一種邀請廠商表達意願參與未來招標的宣傳公告。

Request for information (資訊要求)
買方為了執行市場調查，對廠商發出用以取得滿足採購需求所需相關資訊的手段。

Request for proposal (邀請建議書)
針對需求複雜無法明確定義的採購，買方要求投標廠商準備詳細的技術規劃，以判斷廠商的執行能力和品質，是當成本不是唯一考量時的招標方式。

Request for quotation (邀請報價)
針對低價、標準、現成的產品或勞務採購，邀請廠商報價的一種採購公告，不算正式的招標。

Requisition (請購單)
組織內部使用單位提出的手寫或電腦列印的採購請求。

Requisitioner (請購人)
組織內部提出採購需求的人。

Residual value (殘值)
一件財物在發揮功能一段時間之後，還剩下的殘餘價值。

Sealed offer (密封標單)
一個內裝投標文件的密封投標信封，為了避免在投標截止和開標之前被發現標單內容。

Security instruments (保證金)
一種用以確保廠商會按照合約履行義務的保證金，例如：押標金和履約保證金。

Services (勞務)
由廠商以合約執行的工作或責任，例如：保全、外燴、清潔、運輸、訓練、顧問等。

Single source (單一貨源)
從一個供應商採購產品或服務，即使還有其他供應商提供一樣的產品或服務。

Sole source (唯一貨源)
產品或服務在市場上只有一家供應商提供。

Solicitation (招標)
邀請廠商投標、報價、提出建議書的一個通用名詞。

Solicitation documents (招標文件)
說明採購需求以邀請廠商投標、報價、提出建議書的文件。

Sourcing (尋找貨源)
買方在市場上尋找可以滿足採購需求的供應商的過程。

Specifications (規格)
描述材料、產品或服務的技術需求說明。

Standardization (標準化)
對特定產品或產品線制訂標準規格。

Statement of work (工作說明)
工程採購中說明廠商必須執行的工作和必須達到的品質，通常伴隨設計圖面和數量清單。

Subcontractor (下包商)
協助包商執行某項工作的廠商。

Supplier, vendor (供應商)
提供買方所需產品或服務的廠商。

Sustainable procurement (永續採購)
整合採購需求、規格、標準來保護環境，也就是提高尋源的效率、改善產的品質和優化生命週期總成本。

Terms of reference (參考規約)

說明勞務的工作內容、品質水準、期限和交付成果。

Warranty (保固)

一種由廠商所做的有關材料、產品或工藝的書面保證，例如：免費維修。

Works (工程)

有關建築以及各類土木營造的活動。

美國專案管理學會
AMERICAN PROJECT MANAGEMENT ASSOCIATION

APMA (美國專案管理學會) 提供六種領域的專案經理證照：(1) 一般專案經理證照、(2) 研發專案經理證照、(3) 行銷專案經理證照、(4) 營建專案經理證照、(5) 複雜專案經理證照、(6) 大型專案經理證照。APMA 是全球唯一提供這些證照的學會，而且一旦您通過認證，您的證照將終生有效，不需要再定期重新認證。證照認證方式為筆試，各領域的試題皆為 160 題單選題，時間為 3 小時。

哪一種證照適合您？

您可以選擇和您背景、經驗及生涯規劃最接近的證照，請參考以下的說明，選出最適合您的領域進行認證。沒有哪一個證照必須先行通過，才能申請其他證照的認證，不過先取得一般專案經理證照，有助於其他證照的認證。

❶ 一般專案經理 (Certified General Project Manager, GPM) 適合管理或希望管理一般專案以達成組織目標，或希望以專案管理為專業生涯發展的人。

❷ 研發專案經理 (Certified R&D Project Manager, RPM) 適合管理或希望管理各種產品和服務的開發以達成組織目標的人。

❸ 行銷專案經理 (Certified Marketing Project Manager, MPM) 適合管理或希望管理產品和服務的行銷以達成組織目標的人。

❹ 營建專案經理 (Certified Construction Project Manager, CPM) 適合管理或希望管理營建工程專案以達成組織目標的人。

❺ 複雜專案經理 (Certified Complex Project Manager, XPM) 適合管理或希望管理複雜專案以達成組織目標的人。

❻ 大型專案經理 (Certified Program Manager PRM)) 適合管理或希望管理大型專案以達成組織目標的人。

美國專案管理學會詳細資訊，請參考 http://www.a-pma.org/

國家圖書館出版品預行編目資料

採購專案管理知識體系／魏秋建著. 一一初版. 一一臺北市：五南, 2019.01

面； 公分

ISBN 978-957-763-222-7（平裝）

1.採購管理

494.57 107022756

1FSF

採購專案管理知識體系

作　　者— 魏秋建

發 行 人— 楊榮川

總 經 理— 楊士清

主　　編— 侯家嵐

責任編輯— 黃梓雯　侯家嵐

文字校對— 許宸瑞

封面設計— 盧盈良

出 版 者— 五南圖書出版股份有限公司

地　　址：106台北市大安區和平東路二段339號4樓

電　　話：(02)2705-5066　　傳　　真：(02)2706-6100

網　　址：http://www.wunan.com.tw

電子郵件：wunan@wunan.com.tw

劃撥帳號：01068953

戶　　名：五南圖書出版股份有限公司

法律顧問　林勝安律師事務所　林勝安律師

出版日期　2019年1月初版一刷

定　　價　新臺幣350元

凝煉知識品味閱讀